建筑施工特种作业人员培训教材

建筑起重信号司索工

建筑施工特种作业人员培训教材编委会　组织编写

中国建筑工业出版社

图书在版编目（CIP）数据

建筑起重信号司索工 / 建筑施工特种作业人员培训
教材编委会组织编写. — 北京：中国建筑工业出版社，
2020.11（2021.4 重印）
　建筑施工特种作业人员培训教材
　ISBN 978-7-112-25642-6

　Ⅰ. ①建… Ⅱ. ①建… Ⅲ. ①建筑机械－起重机械－
信号－技术培训－教材 Ⅳ. ①TH210.8

　中国版本图书馆 CIP 数据核字（2020）第 237279 号

　　本书是《建筑施工特种作业人员培训教材》中的《建筑起重信号
司索工》，书中详细介绍了建筑起重信号司索工应掌握的基本知识与
操作规范等内容，书中配图丰富，语言通俗易懂。本书分为两部分，
共九章。第一部分为公共基础知识，包括职业道德、建筑施工特种作
业人员和管理、建筑施工安全生产相关法规及管理制度、建筑施工安
全防护基本知识、施工现场消防基本知识、施工现场应急救援基本知
识；第二部分为专业基础知识，包括基础理论知识、起重司索专业技
术知识、起重司索安全操作要求。本书可作为相关岗位人员培训教
材，也可供相关专业技术人员参考。

　　责任编辑：李　杰　李　明
　　责任校对：党　蕾

建筑施工特种作业人员培训教材
建筑起重信号司索工
建筑施工特种作业人员培训教材编委会　组织编写
*
中国建筑工业出版社出版、发行（北京海淀三里河路 9 号）
各地新华书店、建筑书店经销
北京红光制版公司制版
北京圣夫亚美印刷有限公司印刷
*
开本：850 毫米×1168 毫米　1/32　印张：7¼　字数：193 千字
2021 年 1 月第一版　2021 年 4 月第二次印刷
定价：**30.00** 元
ISBN 978-7-112-25642-6
（36462）

建筑施工特种作业人员
培训教材编委会

主　任：高　峰

副主任：王宇旻　陈海昌

委　员：金　强　朱利闽　刘钦燕　刘　辉　马　记

　　　　成　军　陈晓苏　姜　宁　姜　昱　徐卫星

　　　　曹立忠　温锦明

本书编审委员会

主　　编：马　记

副主编：徐子根

编写人员：李百年　宋建军　陈亚飞

　　　　　（本系列教材公共基础知识编写成员：

　　　　　金　强　朱利闽　朱　青　刘　辉）

审　　稿：管盈铭

前　言

《中华人民共和国安全生产法》规定："生产经营单位的特种作业人员必须按照国家有关规定经专门的安全作业培训，取得相应资格，方可上岗作业"。建筑施工特种作业人员是指在房屋建筑和市政工程施工活动中，从事可能对本人、他人及周围设备设施的安全造成重大危害作业的人员。作为建设行业高危工种之一，其从业直接关系建筑施工质量安全，直接关系公民生命、财产安全和公共安全。

为进一步紧贴建筑施工特种作业人员职业素质和适岗能力的实际需要，编写委员会组织编写了《建筑电工》《建筑架子工》《附着式升降脚手架架子工》《建筑起重信号司索工》等 24 个工种的系列教材。该套教材既是相关工种培训考核的指导用书，又是一线建筑施工特种作业人员的实用工具书。

本套教材在编写过程中，得到了江苏省相关专家和部门的大力支持，在此一并表示感谢！因编者水平有限，难免会存在疏漏和不足之处，真诚希望广大同行和读者给予批评指正。

编者

二〇一九年五月

目　　录

第一部分　公共基础知识

第一部分　公共基础知识

第一章　职业道德

第一节　道德的含义和基本内容

1. 道德的含义

道德是一种社会意识形态，是人们共同生活及其行为的准则与规范。

意识形态除了道德以外，还包括政治、法律、艺术、宗教、哲学和其他社会科学等意识形态，是对事物的理解、认知，对事物的感观思想，是观念、观点、概念、思想、价值观等要素的总和。如：对生命的认识和观点；对金钱物质的看法等。

道德往往代表着社会的正面价值取向，起到判断行为正当与否的作用。道德是以善恶为标准，通过社会舆论、内心信念和传统习惯来评价人的行为，调整人与人之间以及个人与社会之间相互关系的行动规范的总和。

2. 道德与法纪的关系

遵守道德是指按照社会道德规范行事，不做损害他人的事。遵守法纪是指遵守纪律和法律，按照规定行事，不违背纪律和法律的规定条文。法纪与道德既有区别也有联系，它们是两种重要的社会调控手段。

（1）法纪属于社会制度范畴，而道德属于社会意识形态范畴。道德侧重于自我约束，是行为主体"应当"的选择，依靠人们的内心信念、传统习惯和社会舆论发挥其作用，不具有强制力；而法纪则侧重于国家或组织的强制手段，是国家或组织制定和颁布，用以调整、约束和规范人们行为的权威性规则。

（2）遵守法纪是遵守道德的最低要求。道德一般又可分为两类：第一类是社会有序化要求的道德，是维系社会稳定所必不可少的最低限度的道德，如不得暴力伤害他人、不得用欺诈手段谋取利益、不得危害公共安全等；第二类是那些有助于提高生活质量、增进人与人之间紧密关系的原则，如博爱、无私、乐于助人、不损人利己等。第一类道德有时也会上升为法纪，通过制裁、处分或奖励的方法得以推行。而第二类道德是对人性较高要求的道德，一般不宜转化为法纪，需要通过教育、宣传和引导等手段来推行。法纪是道德的演化产物，其内容是道德范畴中最基本的要求，因此遵纪守法是遵守道德的最低要求。

（3）遵守道德是遵守法纪的坚强后盾。首先，法纪应包含最低限度的道德，没有道德基础的法纪，是无法获得人们的尊重和自觉遵守的。其次，道德对法纪的实施有保障作用，"徒善不足以为政，徒法不足以自行"，执法者职业道德的提高，守法者的法律意识、道德观念的加强，都对法纪的实施起着推动的作用。再者，道德又对法纪有补充作用，有些不宜由法纪调整的，或本应由法纪调整但因立法的滞后而尚"无法可依"的，道德约束往往就起到了必要的补充作用。

3. 公民道德的基本内容

公民道德主要包括社会公德、职业道德、家庭美德及个人品德四个方面。

（1）社会公德。公德是指与国家、组织、集体、民族、社会等有关的道德，社会公德是社会道德体系的社会层面，是维护社会公共生活正常进行的最基本的道德要求，是全体公民在社会交往和公共生活中应该遵循的行为准则，涵盖了人与人、人与社会、人与自然之间的关系。以文明礼貌、助人为乐、爱护公物、保护环境、遵纪守法为主要内容的社会公德，旨在鼓励人们在社会上做一个好公民。

（2）职业道德。职业道德是人们在职业生活中应当遵循的基本道德，是职业品德、职业纪律、专业能力及职业责任等的总称，它通过公约、守则等对职业生活中的某些方面加以规范。职业道德涵盖了从业人员与服务对象、职业与职工、职业与职业之间的关系；它既是对从业人员在职业活动中的行为要求，又是本行业对社会所承担的道德责任和义务。以爱岗敬业、诚实守信、办事公道、服务群众、奉献社会为主要内容的职业道德，旨在鼓励人们在工作中做一个好的建设者。

（3）家庭美德。家庭美德是调节家庭成员之间、邻里之间，以及家庭与国家、社会、集体之间的行为准则，也是评价人们在恋爱、婚姻、家庭、邻里之间交往中的行为是非、善恶的标准。以尊老爱幼、男女平等、夫妻和睦、勤俭持家、邻里团结为主要内容的家庭美德，旨在鼓励人们在家庭生活里做一个好成员。

（4）个人品德。个人品德是一定社会的道德原则和规范在个人思想和行为中的体现，是一个人在其道德行为整体中所表现出来的比较稳定的、一贯的道德特点和倾向。个人品德是每个公民个人修养的体现，现代人应树立关爱、善待和宽厚的理念，对他人、对社会、对自然有关爱之心、善待之举和宽厚情怀。个人品德的内容包括很多，比如正直善良、谦虚谨慎、团结友爱、言行一致等。

社会公德、职业道德、家庭美德、个人品德这四个方面是一个有机的统一体，其外延由大到小，内涵由浅到深，共同构成一个完善的道德体系。在"四德"建设中，人的能动性及个人品德建设是至关重要的，个人品德的修养是树立道德意识、规范言行举止、建设和谐家庭、做好模范工作、维护社会和谐的基础。只有个人具备优良品德修养才能由己及人，才能由己及家庭、集体和社会。正确处理个人与社会、竞争与协作、经济效益与社会效益等关系，树立尊重人、理解人、关心人的理念，发扬社会主义人道主义精神，提倡为人民为社会多做好事、体现社会主义制度优越性、促进社会主义市场经济健康有序发展的良好道德风尚。

党的十八大对未来我国道德建设也作出了重要部署，强调依法治国和以德治国相结合，加强社会公德、职业道德、家庭美德、个人品德教育，弘扬中华传统美德，倡导时代新风，指出了道德修养的"四位一体"性。十八大报告中"推进公民道德建设工程，弘扬真善美、贬斥假恶丑，引导人们自觉履行法定义务、社会责任、家庭责任，营造劳动光荣、创造伟大的社会氛围，培育知荣辱、讲正气、作奉献、促和谐的良好风尚"，强调了社会氛围和社会风尚对公民道德品质的塑造；"深入开展道德领域突出问题专项教育和治理，加强政务诚信、商务诚信、社会诚信和司法公信建设"，突出了"诚信"这个道德建设的核心。

第二节　职业道德的基本特征和主要作用

1. 职业道德的概念

职业道德是指所有从业人员在职业活动中应该遵循的行为准则，是一定职业范围内的特殊道德要求，即整个社会对从业人员的职业观念、职业态度、职业技能、职业纪律和职业作风等方面的行为标准和要求。

职业道德是随着社会分工的发展，并出现相对固定的职业集团时产生的，人们的职业生活实践是职业道德产生的基础。特定的职业不但要求人们具备特定的知识和技能，而且要求人们具备特定的道德观念、情感和品质。各种职业集团，为了维护职业利益和信誉，适应社会的需要，从而在职业实践中，根据一般社会道德的基本要求，逐渐形成了职业道德规范。

职业道德是对从事这个职业所有人员的普遍要求，它不仅是所有从业人员在其职业活动中行为的具体表现，同时也是本职业对社会所负的道德责任与义务，是社会公德在职业生活中的具体化。每个从业人员，不论是从事哪种职业，在职业活动中都要遵守职业道德，如现代中国社会中教师要遵守教书育人、为人师表的职业道德，医生要遵守救死扶伤的职业道德，企业经营者要遵守诚实守信、公平竞争、合法经营的职业道德等。

具体来讲，职业道德的含义主要包括以下八个方面：

（1）职业道德是一种职业规范，普遍受社会的认可。

（2）职业道德是长期以来自然形成的。

（3）职业道德没有确定的形式，通常体现为观念、习惯、信念等。

（4）职业道德依靠文化、内心信念和习惯，通过职工的自律来实现。

（5）职业道德大多没有实质的约束力和强制力。

（6）职业道德的主要内容是对职业人员义务的要求。

（7）职业道德标准多元化，代表了不同企业可能具有不同的价值观。

（8）职业道德承载着企业文化和凝聚力，影响深远。

2. 职业道德的基本特征

职业道德是从业人员在一定的职业活动中应遵循的、具有自身职业特征的道德要求和行为规范。职业道德具有以下几个特点：

（1）普遍性。从业者应当共同遵守基本职业道德行为规范，且在全世界的所有职业者都有着基本相同的职业道德规范。

（2）行业性。职业道德具有适用范围的有限性，每种职业都担负着一定的职业责任和职业义务，由于各种职业的职业责任和义务不同，从而形成各自特定的职业道德的具体规范。职业道德的内容与职业实践活动紧密相连，反映着特定职业活动对从业人员行为的道德要求。

（3）继承性。职业道德具有发展的历史继承性，由于职业具有不断发展和世代延续的特征，不仅其技术世代延续，其管理员工的方法、与服务对象打交道的方式，也有一定的历史继承性。在长期实践过程中形成的职业道德内容，会被作为经验和传统继承下来，如"有教无类""学而不厌，诲人不倦"，从古至今都是教师的职业道德。

（4）实践性。一个从业者的职业道德知识、情感、意志、信念、觉悟、良心等都必须通过职业的实践活动，在自己的行为中表现出来，并且接受行业职业道德的评价和自我评价。

（5）多样性。职业道德的表现形式多种多样，不同的行业和不同的职业有不同的职业道德标准，且表现形式灵活。职业道德的表现形式总是从本职业的交流活动实际出发，采用诸如制度、守则、公约、承诺、誓言、条例等形式，以至标语口号之类来加以体现，既易于为从业人员所接受和实行，而且便于形成一种职业的道德习惯。

（6）自律性。从业者通过对职业道德的学习和实践，逐渐培养成较为稳固的职业道德品质，良好的职业道德形成以后，又会在工作中逐渐形成行为上的条件反射，自觉地选择有利于社会、有利于集体的行为，这种自觉就是通过自我内心职业道德意识、觉悟、信念、意志、良心的主观约束控制来实现的。

（7）他律性。道德行为具有受舆论影响的特征，在职业生涯中，从业人员随时都受到所从事职业领域的职业道德舆论的影响。实践证明，创造良好的职业道德社会氛围、职业环境，并通过职业道德舆论的宣传、监督，可以有效地促进人们自觉遵守职业道德，并实现互相监督，共同提升道德境界。

3. 职业道德的主要作用

在现代社会里，人人都是服务对象，人人又都为他人服务。社会对人的关心、社会的安宁和人们之间关系的和谐，是同各个岗位上的服务态度、服务质量密切相关的。在构建和谐社会的新形势下，大力加强社会主义职业道德建设，具有十分重要的作用。

（1）加强职业道德是提高职业人员责任心的重要途径

职业道德要求把个人理想同各行各业、各个单位的发展目标结合起来，同个人的岗位职责结合起来，以增强员工的职业观念、职业事业心和职业责任感。职业道德要求员工在本职工作中不怕艰苦，勤奋工作，既要团结协作，又争个人贡献，既讲经济效益，又讲社会效益。加强职业道德要求紧密联系本行业本单位的实际，有针对性地解决存在的问题。

（2）加强职业道德是促进企业和谐发展的迫切要求

职业道德的基本职能是调节职能，一方面，可以调节从业人员内部的关系，即运用职业道德规范约束职业内部人员的行为，促进职业内部人员的团结与合作，加强职业、行业内部人员的凝聚力；另一方面，职业道德又可以调节从业人员与服务对象之间的关系，用来塑造本职业从业人员的社会形象。

企业是具有社会性的经济组织，在企业内部存在着各种复杂的关系，这些关系既有相互协调的一面，也有矛盾冲突的一面，如果解决不好，将会影响企业的凝聚力。这就要求企业所有的员工具有较高的职业道德觉悟，从大局出发、光明磊落、相互谅解、相互宽容、相互信赖、同舟共济，而不能意气用事、互相拆台。企业内部上下级之间、部门之间、员工之间团结协作，使企业真正成为一个具有社会主义精神风貌的和谐集体。

（3）加强职业道德是提高企业竞争力的必要措施

当前市场竞争激烈，各行各业都讲经济效益，要求企业的经营者在竞争中不断开拓创新。但行业之间为了自身的利益，会产生很多新的矛盾，形成自我力量的抵消，使一些企业的经营者在竞争中单纯追求利润、产值，不求质量，或者以次充好、以假乱真，不顾社会效益，损害国家、人民和消费者的利益，企业得到的只能是短暂的收益，失去的是消费者的信任，也就失去了生存和发展的源泉，难以在竞争的激流中屹立不倒。在企业中加强职业道德，使得企业在追求自身利润的同时，又能创造好的社会效益，从而提升企业形象，赢得持久而稳定的市场份额；同时，也使企业内部员工之间相互尊重、相互信任、相互合作，从而提高企业凝聚力，企业方能在竞争中稳步发展。

（4）加强职业道德是个人健康发展的基本保障

市场经济对于职业道德建设有其积极的一面，也有消极的一面。它的自发性、自由性、注重经济效益的特性，导致一些人"一切向钱看"，唯利是图，不择手段追求经济效益，从而走入歧途，断送前程。提高从业人员的道德素质，树立职业理想，增强职业责任感，形成良好的职业行为，抵抗物欲诱惑，不被利欲所熏心，才能脚踏实地在本行业中追求进步。在社会主义市场经济条件下，只有具备职业道德精神的从业人员，才能在社会中站稳脚跟，成为社会的栋梁之材，在为社会创造效益的同时，也保障了自身的健康发展。

（5）加强职业道德是提高全社会道德水平的重要手段

职业道德是整个社会道德的主要内容，一方面，它涉及每个从业者如何对待职业，如何对待工作，同时也是一个从业人员的生活态度、价值观念的表现，是一个人的道德意识和道德行为发展到成熟阶段的体现，具有较强的稳定性和连续性。另一方面，职业道德也是一个职业集体甚至一个行业全体人员的行为表现，如果每个行业、每个职业集体都具备优良的道德，那么对整个社会道德水平的提高就会发挥重要作用。

第三节　建设行业职业道德建设

1. 加强职业道德建设，践行社会主义核心价值观

"国无德不兴，人无德不立。"习近平总书记指出："核心价值观，其实就是一种德，既是个人的德，也是一种大德，就是国家的德、社会的德。"因此，"必须加强全社会的思想道德建设，激发人们形成善良的道德意愿、道德情感，培育正确的道德判断和道德责任，提高道德实践能力尤其是自觉践行能力，引导人们向往和追求讲道德、尊道德、守道德的生活，形成向上的力量、向善的力量。"培育社会主义核心价值观，首先要培养一种有益于国家、社会、他人的道德。

党的十八大提出，倡导富强、民主、文明、和谐，倡导自由、平等、公正、法治，倡导爱国、敬业、诚信、友善，积极培

育和践行社会主义核心价值观。富强、民主、文明、和谐是国家层面的价值目标，自由、平等、公正、法治是社会层面的价值取向，爱国、敬业、诚信、友善是公民个人层面的价值准则。"富强、民主、文明、和谐；自由、平等、公正、法治；爱国、敬业、诚信、友善"，这24个字是社会主义核心价值观的基本内容。践行社会主义核心价值观，对于道德建设具有重要的指导意义，而加强道德建设又对践行社会主义核心价值观发挥着基础性作用，两者互有联系，相辅相成。

建设行业是社会主义现代化建设中的一个十分重要的行业。工厂、住宅、学校、商店、医院、体育场馆、文化娱乐设施等的建设，都离不开建设行为，它以满足人民群众日益增长的物质文化生活需要为出发点。建设行业职业道德是社会主义核心价值观、社会主义道德规范在建设行业的具体体现。

2. 结合建设行业特点和现实，加强职业道德建设

（1）职业道德建设的行业特点

以建设行业中的建筑行业为例，专业多、岗位多、从业人员多且普遍文化程度较低、综合素质相对不高；条件艰苦，任务繁重，露天作业、高空作业，常年日晒雨淋，生产生活场所条件艰苦，安全设施落后和不足，作业存在安全隐患，安全事故频发；施工涉及面大，人员流动性强，四海为家，四处奔波，难以接受长期定点的培训教育；工种之间联系紧密，各专业、各工种、各岗位前后延续共同完成工程的建设；具有较强的社会性，一座建筑物凝聚了多方面的努力，体现了其社会价值和经济价值。同时，随着国民经济的发展，建筑行业的地位和作用也越来越重要，行业发展关乎国计民生。因此，对从业人员开展及时的、各类形式的、灵活多样的教育培训，提高道德素质、文化水平、专业知识和职业技能；结合行业特点，加强团结协作教育、服务意识教育和职业道德教育，一切为了社会广大人民和子孙后代的利益，坚持社会主义、集体主义原则，严谨务实，艰苦奋斗，多出精品优质工程，体现其社会价值和经济价值尤为重要。

（2）职业道德建设的行业现实

一个建筑物的诞生或一项工程的竣工需要有良好的设计、周密的施工、合格的建筑材料和严格的检验与监督。近几年来，出现设计结构不合理、计算偏差、不考虑相关因素的情况，埋下重大隐患；施工过程中秩序混乱；建筑材料伪劣产品层出不穷；金钱、人情关系扰乱工程安全质量监督，质量安全事故屡见不鲜。作为百年大计的工程建设产品，如果质量差，损失和危害将无法估量。例如，5·12汶川大地震中某些倒塌的问题房屋，杭州地铁坍塌，上海、石家庄在建楼房倒塌事件等。造成这些问题的因素很多，但是道德因素是其中最重要的因素之一。再如，面对激烈的市场竞争，一些建筑企业为了拿到工程项目，使用各种手段，其中手段之一就是盲目压价，用根本无法完成工程的价格去投标。中标后就在设计、施工、材料等方面做文章，启用非法设计人员搞黑设计；施工中偷工减料；材料上买低价伪劣产品，最终使建筑物的"百年大计"大大打了折扣。因此，大力加强建设行业职业道德建设，营造市场经济良好环境，经济效益和社会效益并重尤为紧迫。

3. 建设行业职业道德要求

根据住房和城乡建设部发布的《建筑业从业人员职业道德规范（试行）》，对建筑从业人员共同职业道德规范要求如下：

（1）热爱事业，尽职尽责

热爱建筑事业，安心本职工作，树立职业责任感和荣誉感，发扬主人翁精神，尽职尽责，在生产中不怕苦，勤勤恳恳，努力完成任务。

（2）努力学习，苦练硬功

努力学文化，学知识，刻苦钻研技术，熟练掌握本工种的基本技能，练就一身过硬本领。努力学习和运用先进的施工方法，钻研建筑新技术、新工艺、新材料。

（3）精心施工，确保质量

树立"百年大计、质量第一"的思想，按设计图纸和技术规范精心操作，确保工程质量，用优良的成绩树立建筑工人形象。

（4）安全生产，文明施工

树立安全生产意识，严格安全操作规程，杜绝一切违章作业现象，确保安全生产无事故。维护施工现场整洁，在争创安全文明标准化现场管理中作出贡献。

（5）节约材料，降低成本

发扬勤俭节约的优良传统，在操作中珍惜一砖一木，合理使用材料，认真做好落手清、现场清，及时回收材料，努力降低工程成本。

（6）遵章守纪，维护公德

要争做文明员工，模范遵守各项规章制度，发扬团结互助精神，尽力为其他工种提供方便。

4. 特种作业人员职业道德的核心内容

（1）安全第一

坚持"生产必须安全，安全为了生产"的意识。严格遵守操作规程。操作人员要强化安全意识，认真执行安全生产的法律、法规、标准和规范，严格执行操作规程和程序，杜绝一切违章作业，不野蛮施工，不乱堆乱扔。

（2）诚实守信

诚实守信作为社会主义职业道德的基本规范，是和谐社会发展的必然要求，它不仅是建设领域职工安身立命的基础，也是企业赖以生存和发展的基石。操作人员要言行一致，表里如一，真实无欺，相互信任，遵守诺言，忠实地履行自己应当承担的责任和义务。

（3）爱岗敬业

爱岗就是热爱自己的工作岗位，敬业就是要用一种恭敬、严肃的态度对待自己的工作。操作人员应当热爱本职工作，不怕苦、不怕累，认真负责，集中精力，精心操作，密切配合其他工种施工，确保工程质量，使工程如期完成。这是社会对每个从业者的要求，更应当是每个从业者对自己的自觉约束。

（4）钻研技术

操作人员要努力学习科学文化知识，刻苦钻研专业技术，苦练硬功，扎实工作，熟练掌握本工作的基本技能，努力学习和运用先进的施工方法，精通本岗位业务，不断提高业务能力。

（5）保护环境

文明操作，防止损坏他人和国家财产。讲究施工环境优美，做到优质、高效、低耗，做到不乱排污水、不乱倒垃圾、不影响交通、不扰民施工。

第二章　建筑施工特种作业人员和管理

第一节　建筑施工特种作业

1. 建筑施工特种作业的概念

建筑施工特种作业人员是指在房屋建筑和市政工程施工活动中，从事对本人、他人的生命健康及周围设施的安全可能造成重大危害的作业人员。

特种作业有着不同的危险因素，《中华人民共和国安全生产法》规定：生产经营单位的特种作业人员必须按照国家有关规定经专门的安全作业培训，取得相应资格，方可上岗作业。

2. 建筑施工特种作业工种

（1）住房和城乡建设部《建筑施工特种作业人员管理规定》（建质〔2008〕75号）所确定的建筑施工特种作业人员包括：

1）建筑电工。

2）建筑架子工。

3）建筑起重信号司索工。

4）建筑起重机械司机。

5）建筑起重机械安装拆卸工。

6）高处作业吊篮安装拆卸工。

7）经省级以上人民政府建设主管部门认定的其他特种作业。

（2）《江苏省建筑施工特种作业人员管理暂行办法》（苏建管质〔2009〕5号）所规定的建筑施工特种作业人员包括：

1）建筑电工。

2）建筑架子工。

3）建筑起重信号司索工。

4）建筑起重机械司机。

5）建筑起重机械安装拆卸工。

6）高处作业吊篮安装拆卸工。

7）建筑焊工。

8）建筑起重机械安装质量检验工。

9）桩机操作工。

10）建筑混凝土泵操作工。

11）建筑施工现场场内机动车司机。

12）其他特种作业人员。

目前，江苏省又将"建筑施工现场场内机动车司机"细分为"建筑施工现场场内叉车司机""建筑施工现场场内装载机司机""建筑施工现场场内翻斗车司机""建筑施工现场场内推土机司机""建筑施工现场场内挖掘机司机""建筑施工现场场内压路机司机""建筑施工现场场内平地机司机""建筑施工现场场内沥青混凝土摊铺机司机"等。

第二节　建筑施工特种作业人员

按照住房和城乡建设部与江苏省建设行政主管部门的规定，从事建筑施工特种作业的人员应当取得建筑施工特种作业人员操作资格证书，方可上岗从事相应作业。

1. 年龄及身体要求

年满 18 周岁且符合相应特种作业规定的年龄要求。

近 3 个月内经二级乙等以上医院体检合格且无听觉障碍、无色盲，无妨碍从事本工种的疾病（如癫痫病、高血压、心脏病、眩晕症、精神病和突发性昏厥症等）和生理缺陷。

2. 学历要求

初中及以上学历。其中，报考建筑起重机械安装质量检测工（塔式起重机、施工升降机）的人员，应符合下列条件之一：

（1）具有工程机械（建筑机械）类、电气类大专以上学历或工程机械（建筑机械）类、电气类、安全工程类助理工程师任职资格，并从事起重机设计、制造、安装调试、维修、操作、检验工作2年及其以上。

（2）具有工程机械（建筑机械）类、电气类中专、理工科（非起重专业）大专以上学历或工程机械（建筑机械）类、电气类、安全工程类技术员任职资格，并从事起重机设计、制造、安装调试、维修、操作、检验工作3年及其以上。

（3）具有高中学历并从事起重机设计、制造、安装调试、维修、操作、检验工作5年及其以上。

3. 考核要求

（1）报名

全省建筑施工特种作业人员考核、发证及管理系统集成在"江苏省建筑业监管信息平台2.0"上。建筑施工企业人员可由企业统一组织通过监管信息平台直接报名，非建筑施工企业人员向所在地考核基地报名，填报相应工种，经市县建设（筑）主管部门资格审查合格后，到经省建设行政主管部门认定的建筑施工特种作业考核基地，进行培训后参加考核。

凡申请考核、延期复核、换证的人员均须进行二代身份证信息和指纹信息采集。采集入库的二代身份证和指纹信息，将作为今后个人进行考核、延期复核、换证、查验的依据，如信息不吻合，将影响上述有关事项的办理。

企业可自行采集本企业申报人员二代身份证信息，指纹信息须由申报人员至考核基地进行现场采集。

（2）考核

建筑施工特种作业人员考核包括安全技术理论和安全操作技能。

考核内容分为掌握、熟悉、了解三类。其中，掌握即要求能运用相关特种作业知识解决实际问题；熟悉即要求能较深理解相关特种作业安全技术知识；了解即要求具有相关特种作业的基本知识。

（3）考核办法

1）安全技术理论考核。采用无纸化网络闭卷考试方式，考试时间为 2 小时，实行百分制，60 分为合格。其中，安全生产基本知识占 25%、专业基础知识占 25%、专业技术理论占 50%。

2）安全操作技能考核。采用实际操作（或模拟操作）、口试等方式，考核实行百分制，70 分为合格。

3）参考人员在安全技术理论考核合格后，方可参加实际操作技能考核。同一工种的实操考核时间不得早于理论考核时间，在实际操作技能考核合格后，可以取得相应的建筑施工特种作业人员操作资格。

4. 发证

（1）按照住房和城乡建设部《建筑施工特种作业人员管理规定》（建质〔2008〕75 号）的规定，考核发证机关对于考核合格的，应当自考核结果公布之日起 10 个工作日内颁发资格证书。资格证书采用国务院建设主管部门统一规定的式样，由考核发证机关编号后签发。资格证书在全国通用。

（2）江苏省建设行政主管部门从 2017 年下半年开始，试行发放"电子证书"。此项工作得到了住房和城乡建设部的同意。2017 年 10 月 18 日，江苏省政务服务管理办公室与省住房和城乡建设厅联合发文《关于启用住房城乡建设领域从业人员考核合格电子证书使用的有关通知》（省政务办发〔2017〕66 号），文件规定从 2017 年 12 月 1 日起，全面启用电子证书，停发同名纸质证书。根据《中华人民共和国电子签名法》规定，可靠的电子证书具备与同名纸质证书相同效力。省住房和城乡建设厅核发的电子证书，各地在公共资源交易、资质核准予以认可。

（3）电子证书式样（图 2-1）

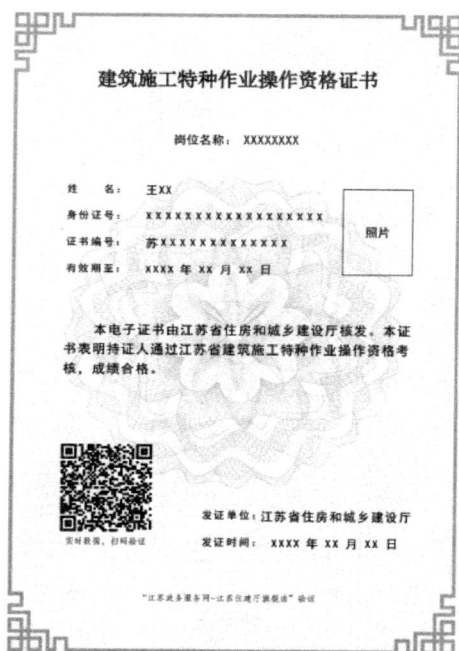

图 2-1　电子证书的样式

第三节　建筑施工特种作业人员的权利

1. 获得劳动安全卫生的保护权利

建筑施工特种作业人员有获得用人单位提供符合国家规定的劳动安全卫生条件和必要的劳动防护用品的权利；并且有要求按照规定获得职业病健康体检、职业病诊疗、康复等职业病防治服务的权利。

2. 对安全生产状况的知情、参与和建议的权利

建筑施工特种作业人员有获得所从事的特种作业，可能面临的任何潜在危险、职业危害，安全与健康可能造成的后果的知情权；有参与判别和解决所面临的劳动安全卫生问题的权利；有对本单位的安全生产和劳动安全卫生工作建议的权利。

3. 接受职业技能教育培训的权利

建筑施工特种作业人员有接受职业技能教育和安全生产知识培训的权利，以获得对工作环境、生产过程、机械设备和危险物质等方面的有关安全卫生知识。

4. 拒绝违章指挥和强令冒险作业的权利

建筑施工特种作业人员在单位领导或者有关工程技术人员违章指挥，或者在明知存在危险因素而没有采取安全保护措施，强迫命令操作人员作业时，有拒绝工作的权利。

5. 危险状态下的紧急避险的权利

在生产劳动过程中，当发现危及作业人员生命安全的情况时，作业人员有权停止工作或者撤离现场。

6. 安全生产活动的监督与批评、检举、控告和申诉的权利

建筑施工特种作业人员对用人单位遵守劳动安全卫生法律法规和标准，履行保护工人安全健康的责任的情况，有监督的权利。对用人单位违反劳动安全卫生法律法规和标准，不履行其责任的情况，作业人员有批评、检举和控告的权利。在劳动保护等方面受到用人单位不公正待遇时，作业人员有向有关部门提出申诉的权利。

对作业人员的检举、控告和申诉，建设行政主管部门和其他有关部门应当查清事实，认真处理，不得压制和打击报复。

用人单位不得因作业人员对本单位安全生产工作提出批评、检举、控告或者拒绝违章指挥、强令冒险作业及向有关部门提出申诉而降低其工资、福利等待遇或者解除与其订立的劳动合同。

7. 依法获得工伤保险的权利

生产经营单位必须依法参加工伤社会保险，为从业人员缴纳保险费。建筑施工企业必须为从事危险作业的职工办理意外伤害保险，支付保险费。当作业人员发生工伤事故时，有权依法获得相关保险的权利。

第四节　建筑施工特种作业人员的义务

1. 遵守有关安全生产的法律、法规和规章的义务

建筑施工特种作业人员在施工活动中，应当遵守有关安全生产的法律、法规和规章；遵守建筑施工安全强制性标准和用人单位的规章制度，严格按照操作规程操作，做到不违规作业、不违章作业。

2. 提高职业技能和安全生产操作水平的义务

建筑施工特种作业人员面对建筑施工活动中的复杂性和多样性，要不断提高职业技能水平。作业人员在未上岗之前应参加岗前技能培训和安全生产操作能力的培训，掌握安全操作知识和技能，取得相应合格证书后方可上岗工作。已在工作岗位上的人员，还必须经常性地参加有关教育培训，熟练掌握本工种的各项安全操作技能，不断提高职业技能和安全生产操作水平。

3. 遵守劳动纪律的义务

建筑施工特种作业人员应严格遵守用人单位的劳动纪律。劳动纪律是用人单位为形成和维持生产经营秩序，保证劳动合同得以履行，要求全体员工在集体劳动、工作、生活过程中以及与劳动、工作紧密相关的其他过程中必须共同遵守的规则。

4. 发现事故隐患和其他不安全因素，立即报告的义务

建筑施工特种作业人员在施工现场直接承担具体的作业活动，更容易发现事故隐患或者其他不安全因素，一旦发现事故隐患或者其他不安全因素，作业人员应当立即向现场安全生产管理人员或者本单位负责人报告，不得隐瞒不报或者拖延报告。如果作业人员发现所报告的事故隐患或者其他不安全因素得不到解决，作业人员也可以越级上报。

5. 完成生产任务的义务

建筑施工特种作业人员完成合理的生产任务是应尽的义务，也是取得劳动报酬的基本条件。作业人员在完成合理生产任务的前提下，还应该保证质量，争做生产劳动的积极分子，为企业经济效益、为社会财富的积累、为国家的发展作出自己应有的贡献。

第五节　建筑施工特种作业人员的管理

根据住房和城乡建设部的规定，省、自治区、直辖市人民政府建设主管部门或者其委托的考核机构负责本行政区域内建筑施工特种作业人员的考核工作。

1. 建设行政主管部门的管理职责

（1）省建设行政主管部门的管理职责

1）负责全省范围内建筑施工特种作业人员的考核监督管理工作。

2）研究制定特种作业人员执业资格考核标准、考核大纲，建立相应工种的试题库。

3）认证特种作业人员执业资格考核基地。

4）负责特种作业人员执业资格考核工作的师资教育培训，监督管理考核考务工作。

5）负责特种作业人员执业证书的颁发和管理。

6）负责特种作业人员统计信息工作。

7）其他监督管理工作。

（2）受委托的市、县建设（筑）行政主管部门的管理职责

1）负责本行政区域内特种作业人员的监督管理工作，制定本地区特种作业人员考核发证管理制度，建立本地区特种作业人员档案。

2）负责考核基地的初审和考评人员的日常管理。

3）负责特种作业人员考核工作的组织实施。

4）负责特种作业人员考核、延期复核、换证的市、县分级审核。

5）负责特种作业人员执业继续教育。

6）负责特种作业人员的统计信息工作。

7）监督检查特种作业人员的从业活动，查处违章行为并记录在档。

8）其他监督管理工作。

2. 用人单位的管理职责

（1）用人单位对于首次取得执业资格证书的人员，应当在其正式上岗前安排不少于3个月的实习操作。实习操作期间，用人单位应当指定专人指导和监督作业。实习操作期满经用人单位考核合格方可独立作业。（所指定的专人应当从已取得相应特种作业资格证书、从事相关工作3年以上、无不良记录的熟练工中选取）。

（2）与持有效执业资格证书的特种作业人员订立劳动合同。

（3）制定并落实本单位特种作业安全操作规程和安全管理制度。

（4）书面告知特种作业人员违章操作的危害。

（5）向特种作业人员提供齐全、合格的安全防护用品和安全的作业条件。

（6）组织或者委托有能力的培训机构对本单位特种作业人员进行年度安全生产教育培训或者继续教育，时间不少于24小时。

（7）建立本单位特种作业人员管理档案。

（8）查处特种作业人员违章行为并记录在档。

（9）法律法规及有关规定明确的其他职责。

3. 特种作业人员应履行的职责

（1）严格遵守国家有关安全生产规定和本单位的规章制度，按照安全技术标准、规范和规程进行作业。

（2）正确佩戴和使用安全防护用品，并按规定对作业工具和设备进行维护保养。

（3）在施工中发生危及人身安全的紧急情况时，有权立即停止作业或者撤离危险区域，并向施工现场专职安全生产管理人员和项目负责人报告。

（4）自觉参加年度安全教育培训或者继续教育，每年不得少于 24 小时。

（5）拒绝违章指挥，并制止他人违章作业。

（6）法律法规及有关规定明确的其他职责。

4. 特种作业人员资格证书的延期

建筑施工特种作业人员执业资格证书有效期为 2 年。有效期满需要延期的，持证人员本人应当在期满前 3 个月内，向原市县考核受理机关提出申请，市县建设行政主管部门初审后，向省建设行政主管部门申请办理延期复核相关手续。延期复核合格的，证书有效期延期 2 年。

（1）特种作业人员申请资格证书延期复核，应当提交下列材料：

1）延期复核申请表。

2）身份证（原件和复印件）。

3）近 3 个月内由二级乙等以上医院出具的体检合格证明。

4）年度安全教育培训证明和继续教育证明。

5）用人单位出具的特种作业人员管理档案记录。

6）规定提交的其他资料。

（2）特种作业人员在资格证书有效期内，有下列情形之一的，延期复核结果为不合格：

1）超过相关工种规定年龄要求的。

2）身体健康状况不再适应相应特种作业岗位的。

3）对生产安全事故负有直接责任的。

4）2 年内违章操作记录达 3 次（含 3 次）以上的。

5）未按规定参加年度安全教育培训或者继续教育的。

6）规定的其他情形。

（3）市县建设（筑）行政主管部门在接到特种作业人员提交的延期复核申请后，应当根据下列情况分别作出处理：

1）对于不符合延期复核申请相关情形的，市县建设（筑）主管部门自收到延期复核资料之日起 5 个工作日内作出不予延期决定，并说明理由。

2）对于提交资料齐全且符合延期复审申请相关情形的，省建设行政主管部门自收到市县建设（筑）行政主管部门延期复核相关手续之日起 10 个工作日内办理准予延期复核手续。

（4）省建设行政主管部门应当在资格证书有效期满前按相关规定作出决定，逾期未作出决定的，视为延期复核合格。

5. 特种作业人员资格证书的撤销与注销

（1）省建设行政主管部门对有下列情形之一的，应当撤销资格证书：

1）持证人弄虚作假骗取资格证书或者办理延期手续的。

2）工作人员违法核发资格证书的。

3）持证人员因安全生产责任事故承担刑事责任的。

4）规定应当撤销的其他情形。

（2）省建设主管部门对有下列情形之一的，应当注销资格证书：

1）按规定不予延期的。

2）持证人逾期未申请办理延期复核手续的。

3）持证人死亡或者不具有完全民事行为能力的。

4）本人提出要求的。

5）规定应当注销的其他情形。

6. 特种作业人员管理的其他要求

（1）持有特种作业资格证书的执业人员，应当受聘于建筑施工企业或者建筑起重机械出租单位（以下简称用人单位），方可从事相应的特种作业。

（2）任何单位和个人不得非法涂改、倒卖、出租、出借或者以其他形式转让资格证书。

（3）特种作业人员变动工作单位，任何单位和个人不得以任何理由非法扣押其执业资格证书。

（4）各地应当建立举报制度，公开举报电话或者电子信箱，受理有关特种作业人员考核、发证以及延期复核的举报。对受理的举报，有关机关和工作人员应当及时妥善处理。

第三章　建筑施工安全生产相关法规及管理制度

第一节　建筑安全生产相关法律主要内容

《中华人民共和国宪法》规定：国家通过各种途径，创造劳动就业条件，加强劳动保护，改善劳动条件，并在发展生产的基础上，提高劳动报酬和福利待遇。

劳动是一切有劳动能力的公民的光荣职责。国有企业和城乡集体经济组织的劳动者都应当以国家主人翁的态度对待自己的劳动。国家提倡社会主义劳动竞赛，奖励劳动模范和先进工作者。

1. 《中华人民共和国建筑法》相关内容

（1）建筑活动应当确保建筑工程质量和安全，符合国家的建筑工程安全标准。

（2）从事建筑活动应当遵守法律、法规，不得损害社会公共利益和他人的合法权益。

（3）建筑工程安全生产管理必须坚持安全第一、预防为主的方针，建立健全安全生产的责任制度和群防群治制度。

（4）建筑施工企业应当在施工现场采取维护安全、防范危险、预防火灾等措施；有条件的，应当对施工现场实行封闭管理。

施工现场对毗邻的建筑物、构筑物和特殊作业环境可能造成损害的，建筑施工企业应当采取安全防护措施。

（5）建筑施工企业应当遵守有关环境保护和安全生产的法律、法规的规定，采取控制和处理施工现场的各种粉尘、废气、废水、固体废物以及噪声、振动对环境的污染和危害的措施。

（6）建筑施工企业必须依法加强对建筑安全生产的管理，执行安全生产责任制度，采取有效措施，防止伤亡和其他安全生产事故的发生。

建筑施工企业的法定代表人对本企业的安全生产负责。

（7）施工现场安全由建筑施工企业负责。实行施工总承包的，由总承包单位负责。分包单位向总承包单位负责，服从总承包单位对施工现场的安全生产管理。

（8）建筑施工企业应当建立健全劳动安全生产教育培训制度，加强对职工安全生产的教育培训；未经安全生产教育培训的人员，不得上岗作业。

（9）建筑施工企业和作业人员在施工过程中，应当遵守有关安全生产的法律、法规和建筑行业安全规章、规程，不得违章指挥或者违章作业。作业人员有权对影响人身健康的作业程序和作业条件提出改进意见，有权获得安全生产所需的防护用品。作业人员对危及生命安全和人身健康的行为有权提出批评、检举和控告。

（10）建筑施工企业必须为从事危险作业的职工办理意外伤害保险，支付保险费。

（11）施工中发生事故时，建筑施工企业应当采取紧急措施减少人员伤亡和事故损失，并按照国家有关规定及时向有关部门报告。

2.《中华人民共和国安全生产法》相关内容

（1）生产经营单位必须遵守本法和其他有关安全生产的法律、法规，加强安全生产管理，建立、健全安全生产责任制和安全生产规章制度，改善安全生产条件，推进安全生产标准化建设，提高安全生产水平，确保安全生产。

（2）有关协会组织依照法律、行政法规和章程，为生产经营单位提供安全生产方面的信息、培训等服务，发挥自律作用，促进生产经营单位加强安全生产管理。

（3）国家实行生产安全事故责任追究制度，依照本法和有关法律、法规的规定，追究生产安全事故责任人员的法律责任。

（4）生产经营单位应当对从业人员进行安全生产教育和培训，保证从业人员具备必要的安全生产知识，熟悉有关的安全生产规章制度和安全操作规程，掌握本岗位的安全操作技能，了解事故应急处理措施，知悉自身在安全生产方面的权利和义务。未经安全生产教育和培训合格的从业人员，不得上岗作业。

（5）生产经营单位的特种作业人员必须按照国家有关规定经专门的安全作业培训，取得相应资格，方可上岗作业。

（6）生产经营单位应当建立健全生产安全事故隐患排查治理制度，采取技术、管理措施，及时发现并消除事故隐患。事故隐患排查治理情况应当如实记录，并向从业人员通报。

（7）承担安全评价、认证、检测、检验的机构应当具备国家规定的资质条件，并对其作出的安全评价、认证、检测、检验的结果负责。

（8）负有安全生产监督管理职责的部门应当建立举报制度，公开举报电话、信箱或者电子邮件地址，受理有关安全生产的举报；受理的举报事项经调查核实后，应当形成书面材料；需要落实整改措施的，报经有关负责人签字并督促落实。

（9）任何单位或者个人对事故隐患或者安全生产违法行为，均有权向负有安全生产监督管理职责的部门报告或者举报。

（10）新闻、出版、广播、电影、电视等单位有进行安全生产宣传教育的义务，有对违反安全生产法律、法规的行为进行舆论监督的权利。

3.《中华人民共和国特种设备安全法》相关内容

（1）特种设备生产、经营、使用单位应当遵守本法和其他有关法律、法规，建立、健全特种设备安全和节能责任制度，加强特种设备安全和节能管理，确保特种设备生产、经营、使用安全，符合节能要求。

（2）任何单位和个人有权向负责特种设备安全监督管理的部门和有关部门举报涉及特种设备安全的违法行为，接到举报的部门应当及时处理。

（3）特种设备生产、经营、使用单位及其主要负责人对其生产、经营、使用的特种设备安全负责。

特种设备生产、经营、使用单位应当按照国家有关规定配备特种设备安全管理人员、检测人员和作业人员，并对其进行必要的安全教育和技能培训。

（4）特种设备安全管理人员、检测人员和作业人员应当按照国家有关规定取得相应资格，方可从事相关工作。特种设备安全管理人员、检测人员和作业人员应当严格执行安全技术规范和管理制度，保证特种设备安全。

（5）特种设备使用单位应当建立岗位责任、隐患治理、应急救援等安全管理制度，制定操作规程，保证特种设备安全运行。

（6）特种设备使用单位应当建立特种设备安全技术档案。

安全技术档案应当包括以下内容：

1）特种设备的设计文件、产品质量合格证明、安装及使用维护保养说明、监督检验证明等相关技术资料和文件；

2）特种设备的定期检验和定期自行检查记录；

3）特种设备的日常使用状况记录；

4）特种设备及其附属仪器仪表的维护保养记录；

5）特种设备的运行故障和事故记录。

（7）特种设备的使用应当具有规定的安全距离、安全防护措施。

（8）特种设备使用单位应当对其使用的特种设备进行经常性维护保养和定期自行检查，并作出记录。

特种设备使用单位应当对其使用的特种设备的安全附件、安全保护装置进行定期校验、检修，并作出记录。

（9）特种设备使用单位应当按照安全技术规范的要求，在检验合格有效期届满前一个月向特种设备检验机构提出定期检验要求。

特种设备检验机构接到定期检验要求后，应当按照安全技术规范的要求及时进行安全性能检验。特种设备使用单位应当将定期检验标志置于该特种设备的显著位置。

未经定期检验或者检验不合格的特种设备，不得继续使用。

（10）特种设备安全管理人员应当对特种设备使用状况进行经常性检查，发现问题应当立即处理；情况紧急时，可以决定停止使用特种设备并及时报告本单位有关负责人。

特种设备作业人员在作业过程中发现事故隐患或者其他不安全因素，应当立即向特种设备安全管理人员和单位有关负责人报告；特种设备运行不正常时，特种设备作业人员应当按照操作规程采取有效措施保证安全。

（11）特种设备出现故障或者发生异常情况，特种设备使用单位应当对其进行全面检查，消除事故隐患，方可继续使用。

（12）负责特种设备安全监督管理的部门在依法履行监督检查职责时，可以行使下列职权：

1）进入现场进行检查，向特种设备生产、经营、使用单位和检验、检测机构的主要负责人和其他有关人员调查、了解有关情况；

2）根据举报或者取得的涉嫌违法证据，查阅、复制特种设备生产、经营、使用单位和检验、检测机构的有关合同、发票、账簿以及其他有关资料；

3）对有证据表明不符合安全技术规范要求或者存在严重事故隐患的特种设备实施查封、扣押；

4）对流入市场的达到报废条件或者已经报废的特种设备实施查封、扣押；

5）对违反本法规定的行为作出行政处罚决定。

（13）特种设备使用单位应当制定特种设备事故应急专项预案，并定期进行应急演练。

（14）特种设备发生事故后，事故发生单位应当按照应急预案采取措施，组织抢救，防止事故扩大，减少人员伤亡和财产损失，保护事故现场和有关证据，并及时向事故发生地县级以上人民政府负责特种设备安全监督管理的部门和有关部门报告。

与事故相关的单位和人员不得迟报、谎报或者瞒报事故情况，不得隐匿、毁灭有关证据或者故意破坏事故现场。

4.《中华人民共和国劳动合同法》相关内容

（1）用人单位自用工之日起即与劳动者建立劳动关系。用人单位应当建立职工名册备查。

（2）用人单位招用劳动者时，应当如实告知劳动者工作内容、工作条件、工作地点、职业危害、安全生产状况、劳动报酬，以及劳动者要求了解的其他情况；用人单位有权了解劳动者与劳动合同直接相关的基本情况，劳动者应当如实说明。

（3）用人单位招用劳动者，不得扣押劳动者的居民身份证和其他证件，不得要求劳动者提供担保或者以其他名义向劳动者收取财物。

（4）建立劳动关系，应当订立书面劳动合同。

已建立劳动关系，未同时订立书面劳动合同的，应当自用工之日起一个月内订立书面劳动合同。

用人单位与劳动者在用工前订立劳动合同的，劳动关系自用工之日起建立。

（5）劳动合同无效或者部分无效的情形：

1）以欺诈、胁迫的手段或者乘人之危，使对方在违背真实意思的情况下订立或者变更劳动合同的；

2）用人单位免除自己的法定责任、排除劳动者权利的；

3）违反法律、行政法规强制性规定的。

对劳动合同的无效或者部分无效有争议的，由劳动争议仲裁机构或者人民法院确认。

（6）用人单位应当按照劳动合同约定和国家规定，向劳动者及时足额支付劳动报酬。

用人单位拖欠或者未足额支付劳动报酬的，劳动者可以依法向当地人民法院申请支付令，人民法院应当依法发出支付令。

（7）用人单位应当严格执行劳动定额标准，不得强迫或者变相强迫劳动者加班。用人单位安排加班的，应当按照国家有关规定向劳动者支付加班费。

（8）劳动者拒绝用人单位管理人员违章指挥、强令冒险作业的，不视为违反劳动合同。

劳动者对危害生命安全和身体健康的劳动条件，有权对用人单位提出批评、检举和控告。

5.《中华人民共和国刑法》相关内容

（1）【重大责任事故罪】在生产、作业中违反有关安全管理的规定，因而发生重大伤亡事故或者造成其他严重后果的，处三年以下有期徒刑或者拘役；情节特别恶劣的，处三年以上七年以下有期徒刑。

（2）【强令违章冒险作业罪】强令他人违章冒险作业，因而发生重大伤亡事故或者造成其他严重后果的，处五年以下有期徒刑或者拘役；情节特别恶劣的，处五年以上有期徒刑。

（3）【重大劳动安全事故罪】安全生产设施或者安全生产条件不符合国家规定，因而发生重大伤亡事故或者造成其他严重后果的，对直接负责的主管人员和其他直接责任人员，处三年以下有期徒刑或者拘役；情节特别恶劣的，处三年以上七年以下有期徒刑。

（4）【工程重大安全事故罪】建设单位、设计单位、施工单位、工程监理单位违反国家规定，降低工程质量标准，造成重大安全事故的，对直接责任人员，处五年以下有期徒刑或者拘役，并处罚金；后果特别严重的，处五年以上十年以下有期徒刑，并处罚金。

（5）【消防责任事故罪】违反消防管理法规，经消防监督机构通知采取改正措施而拒绝执行，造成严重后果的，对直接责任人员，处三年以下有期徒刑或者拘役；后果特别严重的，处三年以上七年以下有期徒刑。

（6）【不报、谎报安全事故罪】在安全事故发生后，负有报告职责的人员不报或者谎报事故情况，贻误事故抢救，情节严重的，处三年以下有期徒刑或者拘役；情节特别严重的，处三年以上七年以下有期徒刑。

第二节　建筑安全生产相关法规主要内容

1. 《建设工程安全生产管理条例》

该条例规定了施工单位的相关安全责任，包括：依法取得资质和承揽工程；建立健全安全生产制度和操作规程；保证本单位安全生产条件所需资金的投入；设立安全生产管理机构，配备专职安全生产管理人员；总承包单位对施工现场的安全生产负总责；总承包单位和分包单位对分包工程的安全生产承担连带责任；特种作业人员必须按照国家有关规定经过专门的安全作业培训，并取得特种作业操作资格证书；施工单位的施工组织设计及专项施工方案管理责任；建设工程施工安全技术交底责任；施工现场、办公、生活区安全文明管理责任；相邻建筑物及环保管理责任；施工现场防火管理责任；施工作业人员安全防护及劳保管理责任；施工机械管理责任；施工单位的主要负责人、项目负责人、专职安全生产管理人员任职管理责任；施工单位对管理人员和作业人员的安全生产教育培训管理责任；施工单位应当为施工现场从事危险作业的人员办理意外伤害保险等相关安全责任。

相关内容：

（1）垂直运输机械作业人员、安装拆卸工、爆破作业人员、起重信号工、登高架设作业人员等特种作业人员，必须按照国家有关规定经过专门的安全作业培训，并取得特种作业操作资格证书后，方可上岗作业。

（2）施工单位应当在施工现场入口处、施工起重机械、临时用电设施、脚手架、出入通道口、楼梯口、电梯井口、孔洞口、桥梁口、隧道口、基坑边沿、爆破物及有害危险气体和液体存放处等危险部位，设置明显的安全警示标志。安全警示标志必须符合国家标准。

施工单位应当根据不同施工阶段和周围环境及季节、气候的变化，在施工现场采取相应的安全施工措施。施工现场暂时停止施工的，施工单位应当做好现场防护，所需费用由责任方承担，或者按照合同约定执行。

（3）施工单位应当向作业人员提供安全防护用具和安全防护服装，并书面告知危险岗位的操作规程和违章操作的危害。

作业人员有权对施工现场的作业条件、作业程序和作业方式中存在的安全问题提出批评、检举和控告，有权拒绝违章指挥和强令冒险作业。

在施工中发生危及人身安全的紧急情况时，作业人员有权立即停止作业或者在采取必要的应急措施后撤离危险区域。

2.《生产安全事故报告和调查处理条例》

条例对事故报告，事故调查，事故等级及事故处理作出了规定

相关内容：

（1）根据生产安全事故（以下简称事故）造成的人员伤亡或者直接经济损失，事故一般分为以下等级：

1）特别重大事故，是指造成 30 人（含 30 人）以上死亡，或者 100 人（含 100 人）以上重伤（包括急性工业中毒，下同），或者 1 亿元（含 1 亿元）以上直接经济损失的事故；

2）重大事故，是指造成 10 人（含 10 人）以上 30 人以下死亡，或者 50 人（含 50 人）以上 100 人以下重伤，或者 5000 万元（含 5000 万元）以上 1 亿元以下直接经济损失的事故；

3）较大事故，是指造成 3 人（含 3 人）以上 10 人以下死亡，或者 10 人（含 10 人）以上 50 人以下重伤，或者 1000 万元（含 1000 万元）以上 5000 万元以下直接经济损失的事故；

4）一般事故，是指造成 3 人以下死亡，或者 10 人以下重伤，或者 1000 万元以下直接经济损失的事故。

（2）事故发生后，事故现场有关人员应当立即向本单位负责人报告；单位负责人接到报告后，应当于 1 小时内向事故发生地

县级以上人民政府安全生产监督管理部门和负有安全生产监督管理职责的有关部门报告。

情况紧急时，事故现场有关人员可以直接向事故发生地县级以上人民政府安全生产监督管理部门和负有安全生产监督管理职责的有关部门报告。

（3）事故调查组有权向有关单位和个人了解与事故有关的情况，并要求其提供相关文件、资料，有关单位和个人不得拒绝。

事故发生单位的负责人和有关人员在事故调查期间不得擅离职守，并应当随时接受事故调查组的询问，如实提供有关情况。

事故调查中发现涉嫌犯罪的，事故调查组应当及时将有关材料或者其复印件移交司法机关处理。

3.《特种设备安全监察条例》

（1）特种设备生产、使用单位应当建立健全特种设备安全、节能管理制度和岗位安全、节能责任制度。

特种设备生产、使用单位的主要负责人应当对本单位特种设备的安全和节能全面负责。

特种设备生产、使用单位和特种设备检验检测机构，应当接受特种设备安全监督管理部门依法进行的特种设备安全监察。

（2）特种设备出现故障或者发生异常情况，使用单位应当对其进行全面检查，消除事故隐患后，方可重新投入使用。

（3）特种设备使用单位应当对特种设备作业人员进行特种设备安全、节能教育和培训，保证特种设备作业人员具备必要的特种设备安全、节能知识。

特种设备作业人员在作业中应当严格执行特种设备的操作规程和有关的安全规章制度。

（4）特种设备作业人员在作业过程中发现事故隐患或者其他不安全因素，应当立即向现场安全管理人员和单位有关负责人报告。

第三节　建筑安全生产相关
规章及规范性文件主要内容

1.《建筑起重机械安全监督管理规定》

（1）使用单位应当履行下列安全职责：

1）根据不同施工阶段、周围环境以及季节、气候的变化，对建筑起重机械采取相应的安全防护措施；

2）制定建筑起重机械生产安全事故应急救援预案；

3）在建筑起重机械活动范围内设置明显的安全警示标志，对集中作业区做好安全防护；

4）设置相应的设备管理机构或者配备专职的设备管理人员；

5）指定专职设备管理人员、专职安全生产管理人员进行现场监督检查；

6）建筑起重机械出现故障或者发生异常情况的，立即停止使用，消除故障和事故隐患后，方可重新投入使用。

（2）使用单位应当对在用的建筑起重机械及其安全保护装置、吊具、索具等进行经常性和定期的检查、维护和保养，并做好记录。

（3）禁止擅自在建筑起重机械上安装非原制造厂制造的标准节和附着装置。

（4）建筑起重机械特种作业人员应当遵守建筑起重机械安全操作规程和安全管理制度，在作业中有权拒绝违章指挥和强令冒险作业，有权在发生危及人身安全的紧急情况时立即停止作业或者采取必要的应急措施后撤离危险区域。

（5）建筑起重机械安装拆卸工、起重信号工、起重司机、司索工等特种作业人员应当经建设主管部门考核合格，并取得特种作业操作资格证书后，方可上岗作业。

省、自治区、直辖市人民政府建设主管部门负责组织实施建筑施工企业特种作业人员的考核。

2. 《危险性较大的分部分项工程安全管理办法》

该办法对危险性较大的分部分项工程，即房屋建筑和市政基础设施工程在施工过程中，容易导致人员群死群伤或者造成重大经济损失的分部分项工程的前期保障、专项施工方案、现场安全管理及监督管理明确了具体要求。

（1）施工单位应当在施工现场显著位置公告危大工程名称、施工时间和具体责任人员，并在危险区域设置安全警示标志。

（2）专项施工方案实施前，编制人员或者项目技术负责人应当向施工现场管理人员进行方案交底。

施工现场管理人员应当向作业人员进行安全技术交底，并由双方和项目专职安全生产管理人员共同签字确认。

（3）施工单位应当对危大工程施工作业人员进行登记，项目负责人应当在施工现场履职。

项目专职安全生产管理人员应当对专项施工方案实施情况进行现场监督，对未按照专项施工方案施工的，应当要求立即整改，并及时报告项目负责人，项目负责人应当及时组织限期整改。

施工单位应当按照规定对危大工程进行施工监测和安全巡视，发现危及人身安全的紧急情况，应当立即组织作业人员撤离危险区域。

（4）危大工程发生险情或者事故时，施工单位应当立即采取应急处置措施，并报告工程所在地住房和城乡建设主管部门。建设、勘察、设计、监理等单位应当配合施工单位开展应急抢险工作。

第四章　建筑施工安全防护基本知识

第一节　个人安全防护用品的使用

1. 安全帽

安全帽是对人的头部受坠落物及其他特定因素引起的伤害起防护作用的防护用品，由帽壳、帽衬、下颌带和帽箍等组成。

施工现场工人必须佩戴安全帽。

（1）安全帽的作用

主要是为了保护头部不受到伤害，并在出现以下几种情况时保护人的头部不受伤害或降低头部受伤害的程度。

1）飞来或坠落下来的物体击向头部时；

2）当作业人员从 2m 及以上的高处坠落下来时；

3）当头部有可能触电时；

4）在低矮的部位行走或作业，头部有可能碰到尖锐、坚硬的物体时。

（2）安全帽佩戴注意事项

安全帽的佩戴要符合标准，使用应符合规定。佩戴时要注意下列事项：

1）戴安全帽前应将调整带按自己头型调整到适合的位置，然后将帽内弹性带系牢。缓冲衬垫的松紧由带子调节，人的头顶和帽体内顶部的空间垂直距离一般在 25～50mm。这样才能保证当遭受到冲击时，帽体有足够的空间可供缓冲，平时也有利于头和帽体间的通风。

2）不要把安全帽歪戴，也不要把帽檐戴在脑后方，否则，会降低安全帽对于冲击的防护作用。

3）为充分发挥保护力，安全帽佩戴时必须按头号围的大小调整帽箍并系紧下颌带。

4）安全帽体顶部除了在帽体内部安装了帽衬外，有的还开了小孔通风。但在使用时不要为了透气而随便再行开孔，因为这样会降低帽体的强度。

5）安全帽要定期检查。检查有没有龟裂、下凹、裂痕和磨损等情况，发现异常现象要立即更换，不准再继续使用。任何受过重击、有裂痕的安全帽，不论有无损坏现象，均应报废。

6）在现场室内作业也要戴安全帽，特别是在室内带电作业时，更要认真戴好安全帽，因为安全帽不但可以防碰撞，而且还能起到绝缘作用。

7）平时使用安全帽时应保持整洁，不能接触火源，不要任意涂刷油漆，不准当凳子坐。如果丢失或损坏，必须立即补发或更换，无安全帽一律不准进入施工现场。

2. 安全带

安全带是用于防止高处作业人员发生坠落或发生坠落后将作业人员安全悬挂的个体防护装备。主要由安全绳、缓冲器、主带、辅带等部件组成。

为了防止作业者在某个高度和位置上可能出现的坠落，作业者在登高和高处作业时，必须系挂好安全带。安全带的使用和维护有以下几点要求：

（1）高处作业施工前，应对作业人员进行安全技术教育及交底，并应配备相应防护用品。作业人员应从思想上重视安全带的作用，作业前必须按规定要求系好安全带。

（2）安全带在使用前要检查各部位是否完好无损，所有零部件应顺滑，无材料或制造缺陷，无尖角或锋利边缘。

（3）挂点强度应满足安全带的负荷要求，挂点不是安全带的组成部分，但同安全带的使用密切相关。高处作业如无固定挂点，应采用适当强度的钢丝绳或采取其他方法悬挂。禁止挂在移动或带尖锐棱角或不牢固的物件上。

（4）高挂低用。将安全带挂在高处，人在下面工作就叫高挂低用。它可以使坠落发生时的实际冲击距离减小。与之相反的是低挂高用。因为当坠落发生时，实际冲击的距离会加大，人和绳都要受到较大的冲击负荷。所以安全带必须高挂低用，严禁低挂高用。

（5）安全带保护套要保持完好，以防绳被磨损。若发现保护套损坏或脱落，必须加上新套后再使用。

（6）安全带严禁擅自接长使用。如果使用 3m 及以上的长绳时必须要加缓冲器，各部件不得任意拆除。

（7）安全带在使用后，要注意维护和保管。要经常检查安全带缝制部分和挂钩部分，必须详细检查捻线是否发生裂断和残损等。

（8）安全带不使用时要妥善保管，不可接触高温、明火、强酸、强碱或尖锐物体，不要存放在潮湿的仓库中保管。

（9）安全带在使用两年后应抽验一次，频繁使用应经常进行外观检查，发现异常必须立即更换。定期或抽样试验用过的安全带，不准再继续使用。

3. 防护服

建筑施工现场作业人员应穿着工作服。焊工的工作服一般为白色，其他工种的工作服没有颜色的限制。

（1）防护服的分类

建筑施工现场的防护服主要有以下几类：

1）全身防护型工作服；

2）防毒工作服；

3）耐酸工作服；

4）耐火工作服；

5）隔热工作服；

6）通气冷却工作服；

7）通水冷却工作服；

8）防射线工作服；

9）劳动防护雨衣；

10）普通工作服。

（2）防护服的穿着

施工现场对作业人员防护服的穿着要求主要有：

1）作业人员作业时必须穿着工作服；

2）操作转动机械时，袖口必须扎紧；

3）从事特殊作业的人员必须穿着特殊作业防护服；

4）焊工工作服应是白色帆布制作。

4. 防护鞋

防护鞋的种类比较多，应根据作业场所和内容的不同选择使用。电力建设施工现场上常用的有绝缘鞋（靴）、焊接防护鞋、耐酸碱橡胶靴及皮安全鞋等。

对绝缘鞋（靴）的要求有：

（1）必须在规定的电压范围内使用；

（2）绝缘鞋（靴）胶料部分无破损，且每半年做一次预防性试验；

（3）在浸水、油、酸、碱等条件上不得作为辅助安全用具使用。

5. 防护手套

使用防护手套时，必须对工件、设备及作业情况进行分析之后，选择适当材料制作、操作方便的手套，方能起到保护作用。施工现场上常用的防护手套有下列几种：

（1）劳动保护手套。具有保护手和手臂的功能，作业人员工作时一般都使用这类手套。

（2）带电作业用绝缘手套。要根据电压选择适当的手套，检查表面有无裂痕、发黏、发脆等缺陷，如有异常禁止使用。

（3）耐酸、耐碱手套。主要用于接触酸和碱时戴的手套。

（4）橡胶耐油手套。主要用于接触矿物油、植物油及脂肪簇的各种溶剂作业时戴的手套。

（5）焊工手套。电、火焊工作业时戴的防护手套，应检查皮革或帆布表面有无僵硬、薄挡、洞眼等残缺现象，如有缺陷，不准使用。手套要有足够的长度，手腕部不能裸露在外边。

第二节　安全色与安全标志

安全色和安全标志是国家规定的两个传递安全信息的标准。尽管安全色和安全标志是一种消极的、被动的、防御性的安全警告装置，并不能消除、控制危险，不能取代其他防范安全生产事故的各种措施，但它们形象而醒目地向人们提供了禁止、警告、指令、提示等安全信息，对于预防安全生产事故的发生具有重要作用。

1. 安全色的概念

安全色，就是传递安全信息含义的颜色，包括红、蓝、黄、绿四种颜色。对比色，是使安全色更加醒目的反衬色，包括黑、白两种颜色。对比色要与安全色同时使用。

安全色适用于工业企业、交通运输、建筑、消防、仓库、医院及剧场等公共场所使用的信号和标志的表面色，不适用于灯光信号、航海、内河航运以及其他目的而使用的颜色。

2. 安全色的含义

安全色的红、蓝、黄、绿四种颜色，分别代表不同的含义。

（1）红色。表示禁止、停止、危险以及消防设备的意思。凡是禁止、停止、消防和有危险的器件或环境均应涂以红色的标记作为警示的信号。

（2）蓝色。表示指令，要求人们必须遵守的规定。

（3）黄色。表示提醒人们注意。凡是警告人们注意的器件、设备及环境都应以黄色表示。

（4）绿色。表示给人们提供允许、安全的信息。

（5）对比色与安全色同时使用。

（6）安全色与对比色的相间条纹。

红色与白色相间条纹——表示禁止人们进入危险环境。

黄色与黑色相间条纹——表示提示人们特别注意的意思。

蓝色和白色相间条纹——表示必须遵守规定的意思。

绿色和白色相间条纹——与提示标志牌同时使用，更为醒目地提示人们。

3. 安全色的使用

安全色的使用范围很广，可以使用在安全标志上，也可以直接使用在机械设备上；可以在室内使用，也可以在户外使用。如红色的，各种禁止标志；黄色的，各种警告标志；蓝色的，各种指令标志；绿色的，各种提示标志等。

安全色有规定的颜色范围，超出范围就不符合安全色的要求。颜色范围所规定的安全色是最不容易互相混淆的颜色。对比色是为了使安全色更加醒目而采用的反衬色，它的作用是提高物体颜色的对比度。

4. 安全标志的概念

安全标志是用以表达特定安全信息的标志，由图形符号、安全色、几何图形（边框）或文字构成。

安全标志适用于工矿企业、建筑工地、厂内运输和其他有必要提醒人们注意安全的场所。使用安全标志，能够引起人们对不安全因素的注意，从而达到预防事故、保证安全的目的。但是，安全标志的使用只是起到提示、提醒的作用，它不能代替安全操作规程，也不能代替其他的安全防护措施。

5. 安全标志的种类

安全标志分禁止标志、警告标志、指令标志和提示标志四大类型。

（1）禁止标志。禁止标志的含义是禁止人们不安全行为的图形标志。其基本形式是带斜杠的圆边框，采用红色作为安全色。

（2）警告标志。警告标志的基本含义是提醒人们对周围环境引起注意，以避免可能发生危险的图形标志。其基本形式是正三角形边框，采用黄色作为安全色。

（3）指令标志。指令标志的含义是强制人们必须做出某种动作或采用防范措施的图形标志。其基本形式是圆形边框，采用蓝色作为安全色。

（4）提示标志。提示标志的含义是向人们提供某种信息（如标明安全设施或场所等）的图形标志。其基本形式是正方形边框，采用绿色作为安全色。

第三节　高处作业安全知识

1. 高处作业的基本概念

凡在坠落高度基准面 2m 及以上，有可能坠落的高处进行的作业，均称为高处作业。

2. 建筑施工高处作业常见形式及安全措施

（1）临边作业

临边作业是指在工作面边沿无围护或围护设施高度低于 800mm 的高处作业，包括楼板边、楼梯段边、屋面边、阳台边及各类坑、沟、槽等边沿的高处作业。

1）进行临边作业时，应在临空一侧设置防护栏杆，并应采用密目式安全立网或工具式栏板封闭。

2）分层施工的楼梯口、楼梯平台和梯段边，应安装防护栏杆；外设楼梯口、楼梯平台和梯段边还应采用密目式安全立网封闭。

3）建筑物外围边沿处，应采用密目式安全立网进行全封闭，有外脚手架的工程，密目式安全立网应设置在脚手架外侧立杆上，并与脚手杆紧密连接；没有外脚手架的工程，应采用密目式安全立网将临边全封闭。

4）施工升降机、龙门架和井架物料提升机等各类垂直运输设备设施与建筑物间设置的通道平台两侧边，应设置防护栏杆、挡脚板，并应采用密目式安全立网或工具式栏板封闭。

5）各类垂直运输接料平台口应设置高度不低于 1.80m 的楼层防护门，并应设置防外开装置；多笼井架物料提升机通道中间，应分别设置隔离设施。

（2）洞口作业

洞口作业是指在地面、楼面、屋面和墙面等有可能使人和物料坠落，其坠落高度大于或等于2m的洞口处的高处作业。

在洞口作业时，应采取防坠落措施，并应符合下列规定：

1）当垂直洞口短边边长小于500mm时，应采取封堵措施；当垂直洞口短边边长大于或等于500mm时，应在临空一侧设置高度不小于1.2m的防护栏杆，并应采用密目式安全立网或工具式栏板封闭，设置挡脚板。

2）当非垂直洞口短边尺寸为25～500mm时，应采用承载力满足使用要求的盖板覆盖，盖板四周搁置应均衡，且应防止盖板移位。

3）当非垂直洞口短边边长为500～1500mm时，应采用专项设计盖板覆盖，并应采取固定措施；

4）当非垂直洞口短边长大于或等于1500mm时，应在洞口作业侧设置高度不小于1.2m的防护栏杆，并应采用密目式安全立网或工具式栏板封闭；洞口应采用安全平网封闭。

5）电梯井口应设置防护门，其高度不应小于1.5m，防护门底端距地面高度不应大于50mm，并应设置挡脚板。

6）在进入电梯安装施工工序之前，同时井道内应每隔10m且不大于2层加设一道水平安全网。电梯井内的施工层上部，应设置隔离防护设施。

7）施工现场通道附近的洞口、坑、沟、槽、高处临边等危险作业处，除应悬挂安全警示标志外，夜间应设灯光警示。

8）边长不大于500mm洞口所加盖板，应能承受不小于1.1kN/m²的荷载。

9）墙面等处落地的竖向洞口、窗台高度低于800mm的竖向洞口及框架结构在浇筑完混凝土没有砌筑墙体时的洞口，应按临边防护要求设置防护栏杆。

（3）攀登作业

攀登作业是指借助登高用具或登高设施进行的高处作业。攀登作业应注意以下事项：

1）攀登的用具，结构构造上必须牢固可靠。

2）梯子底部应坚实，并有防滑措施，不得垫高使用，梯子的上端应有固定措施。

3）单梯不得垫高使用，使用时应与水平面成 75°夹角，踏步不得缺失，其间距宜为 300mm。当梯子需接长使用时，应有可靠的连接措施，接头不得超过 1 处。连接后梯梁的强度，不应低于单梯梯梁的强度。

4）固定式直爬梯应用金属材料制成。使用直爬梯进行攀登作业时，攀登高度以 5m 为宜，超过 8m 时，应设置梯间平台。

5）上下梯子时，必须面向梯子，且不得手持器物。

（4）交叉作业

交叉作业是指垂直空间贯通状态下，可能造成人员或物体坠落，并处于坠落半径范围内、上下左右不同层面的立体作业。交叉作业时应注意以下事项：

1）各工种进行上下立体交叉作业时，不得在同一垂直方向上操作。下层作业的位置，必须处于依上层高度确定的可能坠落的半径范围之外，不符合以上条件时，应设安全防护棚。

2）钢模板、脚手架拆除时，下方不得有人施工。

3）模板拆除后，临边堆放处离楼层边沿不应小于 1m，堆放高度不得超过 1m，楼层边口、通道口、脚手架边缘等处，严禁堆放任何物件。

4）结构施工自 2 层起，凡人员进出的通道口（包括井架、施工电梯的进出通道口），均应搭设双层防护棚。

5）在建建筑物旁或在塔机吊臂回转半径范围之内的主要通道、临时设施、钢筋、木工作业区等必须搭设双层防护棚。

第五章 施工现场消防基本知识

第一节 施工现场消防知识概述及常用消防器材

1. 施工现场消防知识概述

我国消防工作实行预防为主、消防结合的方针。按照政府统一领导、部门依法监管、单位全面负责、公民积极参与的原则，实行消防安全责任制，建立健全社会化的消防工作网络。

建设工程施工现场的防火，必须遵循国家有关方针、政策，针对不同施工现场的火灾特点，立足自防自救，采取可靠防火措施，做到安全可靠、经济合理、方便适用。

燃烧的发生必须具备三个条件，即可燃物、助燃物和着火源。因此，制止火灾发生的基本措施包括：

（1）控制可燃物，以难燃或不燃的材料代替易燃或可燃的。

（2）隔绝空气，使用易燃物质的生产应在密闭的设备中进行。

（3）消除着火源。

（4）阻止火势蔓延，在建筑物之间筑防火墙，设防火间距，防止火灾扩大。

2. 建筑施工现场消防器材的配置和使用

（1）在建工程及临时用房的下列场所应配置灭火器：

1）易燃易爆危险品存放及使用场所；

2）动火作业场所；

3）可燃材料存放、加工及使用场所；

4）厨房操作间、锅炉房、发电机房、变配电房、设备用房、办公用房、宿舍等临时用房；

5）其他具有火灾危险的场所。

（2）建筑施工现场常用灭火器及使用方法：

1）泡沫灭火器。药剂：筒内装有碳酸氢钠、发沫剂、硫酸铝溶液。用途：适用于扑救油脂类、石油产品及一般固体初起的火灾；不适用于扑救忌水化学品和电气火灾。使用方法：手指堵住喷嘴，将筒体上下颠倒 2 次，打开开关，药剂即喷出。

2）干粉灭火器。药剂：钢筒内装有钾盐或钠盐粉，并备有盛装压缩气体的小钢瓶。用途：适用于扑救石油及其产品、可燃气体和电气设备初起的火灾。使用方法：提起筒，拔掉保险销环，干粉即可喷出。

3）二氧化碳灭火器。药剂：瓶内装有压缩或液态的二氧化碳。用途：主要适用于扑救贵重设备、档案资料，仪器仪表、600V 以下的电器及油脂等火灾；禁止使用二氧化碳灭火器灭火的物品有：遇有燃烧物品中的锂、钠、钾、铯、锶、镁、铝粉等。使用方法：拔掉安全销，一手拿好喇叭筒对着火源，另一手压紧压把打开开关即可。

4）酸碱灭火器。用途：主要适用于扑救竹、木、棉、毛、草、纸等一般初起火灾，但对忌水的化学物品、电气、油类不宜用。

（3）消火栓、消防水带、消防水枪

消火栓按安装区域分有室内、室外消火栓两种；按安装位置分为地上式与地下式两种；按消防介质分有水消火栓和泡沫消火栓两种。消火栓应在任意时刻均处于工作状态。

1）消防水带应配相对口径的水带接口方能使用。水带接口装置于水带两端，用于水带与水带、消火栓或水枪之间的连接，以便进行输水或水和泡沫混合液，其接口为内扣式。

2）水枪是装在水带接口上，起射水作用的专用部件。各种水枪的接口形式均为内扣式。

3）消火栓的开关位置在其顶部，必须用专用扳手操作，其顶盖上有开关标志符。

使用时应先安好消防水带，之后打开消火栓上封盖把水带固定好，然后再打开消火栓。在使用消火栓灭火时，必须两人以上操作，当水带充满水后，一人拿枪，一人配合移动消防水带。

第二节　施工现场消防管理制度及相关规定

施工现场的消防安全由施工单位负责。实行施工总承包的，应由总承包单位负责。分包单位向总承包单位负责，并应服从总承包单位的管理，同时应承担国家法律、法规规定的消防责任和义务。施工现场建立消防管理制度，落实消防责任制和责任人员，建立义务消防队，定期对有关人员进行消防教育，落实消防措施。

1. 施工现场消防管理制度

（1）施工单位应编制施工现场灭火及应急疏散预案。灭火及应急疏散预案应包括下列主要内容：

1）应急灭火处置机构及各级人员应急处置职责；

2）报警、接警处置的程序和通信联络的方式；

3）扑救初起火灾的程序和措施；

4）应急疏散及救援的程序和措施。

（2）施工人员进场时，施工现场的消防安全管理人员应向施工人员进行消防安全教育和培训。消防安全教育和培训应包括下列内容：

1）施工现场消防安全管理制度、防火技术方案、灭火及应急疏散预案的主要内容；

2）施工现场临时消防设施的性能及使用、维护方法；

3）扑灭初起火灾及自救逃生的知识和技能；

4）报警、接警的程序和方法。

（3）施工作业前，施工现场的施工管理人员应向作业人员进行消防安全技术交底。消防安全技术交底应包括下列主要内容：

1）施工过程中可能发生火灾的部位或环节；

2）施工过程应采取的防火措施及应配备的临时消防设施；

3）初起火灾的扑救方法及注意事项；

4）逃生方法及路线。

（4）施工过程中，施工现场的消防安全负责人应定期组织消防安全管理人员对施工现场的消防安全进行检查。消防安全检查应包括下列主要内容：

1）可燃物及易燃易爆危险品的管理是否落实；

2）动火作业的防火措施是否落实；

3）用火、用电、用气是否存在违章操作，电、气焊及保温防水施工是否执行操作规程；

4）临时消防设施是否完好有效；

5）临时消防车道及临时疏散设施是否畅通。

2. 施工现场消防管理规定

（1）施工现场动火作业

1）动火作业应办理动火许可证，动火许可证的签发人收到动火申请后，应前往现场查验并确认动火作业的防火措施落实后，再签发动火许可证；

2）动火操作人员应具有相应资格；

3）焊接、切割、烘烤或加热等动火作业前，应对作业现场的可燃物进行清理；作业现场及其附近无法移走的可燃物应采用不燃材料覆盖或隔离；

4）施工作业安排时，宜将动火作业安排在使用可燃建筑材料施工作业之前进行，确需在可燃建筑材料施工作业之后进行动火作业的，应采取可靠的防火保护措施；

5）裸露的可燃材料上严禁直接进行动火作业；

6）焊接、切割、烘烤或加热等动火作业应配备灭火器材，并应设置动火监护人进行现场监护，每个动火作业点均应设置1个监护人；

7）五级（含五级）以上风力时，应停止焊接、切割等室外动火作业，确需动火作业时，应采取可靠的挡风措施；

8）动火作业后，应对现场进行检查，并应在确认无火灾危险后，动火操作人员再离开。

（2）施工现场用电

1）电气线路应具有相应的绝缘强度和机械强度，禁止使用绝缘老化或失去绝缘性能的电气线路，严禁在电气线路上悬挂物品。破损、烧焦的插座、插头应及时更换；

2）电气设备与可燃、易燃易爆和腐蚀性物品应保持一定的安全距离；

3）距配电盘 2m 范围内不得堆放可燃物，5m 范围内不应设置可能产生较多易燃、易爆气体、粉尘的作业区；

4）可燃库房不应使用高热灯具，易燃易爆危险品库房内应使用防爆灯具；

5）电气设备不应超负荷运行或带故障使用。

（3）施工现场用气

1）储装气体罐瓶及其附件应合格、完好和有效；严禁使用减压器及其他附件缺损的氧气瓶，严禁使用乙炔专用减压器、回火防止器及其他附件缺损的乙炔瓶；

2）气瓶应保持直立状态，并采取防倾倒措施，乙炔瓶严禁横躺卧放；

3）严禁碰撞、敲打、抛掷、溜坡或滚动气瓶；

4）气瓶应远离火源，与火源的距离不应小于 10m，并应采取避免高温和防止曝晒的措施；

5）气瓶应分类储存，库房内应通风良好；空瓶和实瓶同库存放时，应分开放置，两者间距不应小于 1.5m；

6）瓶装气体使用前，应检查气瓶及气瓶附件的完好性，检查连接气路的气密性，并采取避免气体泄漏的措施，严禁使用已老化的橡皮气管；

7）氧气瓶与乙炔瓶的工作间距不应小于 5m，气瓶与明火作业点的距离不应小于 10m；

8）冬季使用气瓶，气瓶的瓶阀、减压阀等发生冻结时，严禁用火烘烤或用铁器敲击瓶阀，严禁猛拧减压器的调节螺栓；

9）氧气瓶内剩余气体的压力不应小于 0.1MPa，气瓶用后应及时归库。

第六章 施工现场应急救援基本知识

第一节 生产安全事故应急救援预案管理相关知识

1. 生产安全事故应急救援预案的概念

生产安全事故应急救援预案是为了有效预防和控制可能发生的事故，最大限度减少事故及其损害而预先制定的工作方案。它是事先采取的防范措施，将可能发生的等级事故损失和不利影响减少到最低的有效方法。

2. 建筑施工企业生产安全事故应急救援预案的管理

施工单位的应急救援预案应经专家评审或者论证后，由企业主要负责人签署发布。施工项目部的安全事故应急救援预案在编制完成后报施工企业审批。

建筑工程施工期间，施工单位应当将生产安全事故应急救援预案在施工现场显著位置公示，并组织开展本单位的应急救援预案培训交底活动，使有关人员了解应急救援预案的内容、熟悉应急救援职责、应急救援程序和岗位应急救援处置方案。

建筑施工单位应当制定本单位的应急预案演练计划，根据本单位的事故预防重点，每年至少组织一次综合应急预案演练或者专项应急预案演练，每半年至少组织一次现场处置方案演练。

第二节 现场急救基本知识

1. 施工现场应急救护要点

（1）对骨伤人员的救护

1）不能随便搬动伤者，以免不正确的搬动（或移动）给伤者带来二次伤害。例如凡是胸、腰椎骨折者，头、颈部外伤者，不能任意搬动，尤其不能屈曲。

2）在需要搬动时，用硬板固定受伤部位后方可搬动。

3）用担架搬运时，要使伤员头部向后，以便后面抬担架的人可以随时观察其伤情变化。

（2）对眼睛伤害人员的救护

1）眼有异物时，千万不要自行用力眨眼睛，应通过药水、泪水、清水冲洗，仍不能把异物冲掉时，才能扒开眼睑，仔细小心清除眼里异物，如仍无法清除异物或伤势较重时，应立即到医院治疗。

2）当化学物质（如砌筑用的石灰膏）进入眼内，应立即用大量的清水冲洗。冲洗时要扒开眼睑，使水能直接冲洗眼睛，要反复冲洗，时间至少 15min 以上。在无人协助的情况下，可用一盆水，双眼浸入水中，用手分开眼睑，做睁眼、闭眼、转动并立即到医院做必要的检查和治疗。

（3）心肺复苏术

心肺复苏术，是在建筑工地现场对呼吸心跳骤停病人给予呼吸和循环支持所采取的急救，急救措施如下：

1）畅通气道：托起患者的下颌，使病人的头向后仰，如口中有异物，应先将异物排出。

2）口对口人工呼吸：捏闭病人的鼻孔，深吸气后先连续快速向病人口内吹气 4 次，吹气频率约每分钟 2~16 次。如遇特殊情况（牙关紧闭或外伤），可采用口对鼻人工呼吸。

3）胸外心脏按压：双手放在病人胸骨的下 1/3 段（剑突上

两根指），有节奏地垂直向下按压胸骨干段，成人按压的深度为胸骨下陷 4～5cm 为宜。一般按压 15 次，吹气 2 次。

4）胸外心脏按压和口对口吹气需要交替进行。最好有两个人同时参加急救，其中一个人作口对口吹气。

（4）外伤常用止血方法

1）一般止血法：凡出血较少的伤口，可在清洗伤口后盖上一块消毒纱布，并用绷带或胶布固定即可。

2）指压止血法：可用干净的布（没有布可以用手）直接按压伤口，直到不出血为止。

3）加压包扎止血法：用纱布、棉花等垫放在伤口上，用较大的力进行包扎。并尽量抬高受伤部位。加压时力量也不可过大或扎得过紧，如以免引起受伤部位局部缺血造成坏死。

2. 建筑施工现场主要事故类型及救援常识

（1）触电事故及救援常识

1）发现有人触电时，不要直接用手去拖拉触电者，应首先迅速拉电闸断电，现场无电电闸时，使用木方等不导电的材料或用干衣服包严双手，将触电者拖离电源。

2）根据触电者的状况进行现场人工急救（如心肺复苏），并迅速向工地负责人报告或报警。

（2）火灾事故及救援常识

1）最早发现者应立即大声呼救，并根据情况立即采取正确方法灭火。当判断火势无法控制时，要迅速报警并向有关人员报告。

2）根据火灾的影响范围，迅速把无关人员疏散到指定的消防安全区。作业区发生火灾时，可采用建筑物内楼梯、外脚手架上下梯、离火灾现场较远的外施工电梯等疏散人员。不得使用离火灾现场较近的外施工电梯，严禁使用室内电梯疏散人员。

3）当火势无法控制时，要及时采取隔离火源措施，及时搬出附近的易燃易爆物以及贵重物品，防止火势蔓延到有易燃易爆物品或存放贵重物品的地点。当有可能发生气瓶爆炸或火势已无法控制且危及人员生命安全时，迅速将救火人员撤离到安全地方，等待专职消防队救援或采取其他必要措施。

4）火灾逃生自救知识原则

如果发现火势无法控制，应保持镇静，判断危险地点和安全地点，决定逃生方法和路线，尽快撤离危险地。

通过浓烟区逃生时，如无防毒面具等护具，可用湿毛巾等捂住口鼻，并尽可能贴近地面，以匍匐姿势快速前进，如有条件可向头部、身上浇冷水或用湿毛巾、湿棉被、湿毯子等将头、身裹好再冲出去。

（3）易燃易爆气体泄漏事故应急常识

1）最早发现者应立即大声呼救，并向有关人员报告或报警。根据情况立即采取正确方法施救，如尝试采取关闭阀门、堵漏洞等措施截断、控制泄漏，若无法控制，应迅速撤离。

2）在气体泄漏区内严禁使用手机、电话或启动电气设备，并禁止一切产生明火或火花的行为。

3）疏散无关人员，迅速远离危险区域，治安保卫人员要迅速建立禁区，严禁无关人员进入。同时停止附近的作业。

4）在未有安全保障措施的情况下，不要盲目行动，应等待公安消防队或其他专业救援队伍处理。

（4）发现坍塌预兆或坍塌事故应急常识

1）发现坍塌预兆时，发现者应立即大声呼唤，停止作业，迅速疏散人员撤离现场，并向项目部报告。待险情排除，并得到有关人员同意后，方可重新进入现场作业。

2）当事故发生后，发现者应立即大声呼救，同时向有关人员报告或报警。项目部根据情况立即采取措施组织抢救，同时向上级部门报告。

3）迅速判断事故发展状态和现场情况，采取正确应急控制措施，判断清楚被掩埋人员位置，立即组织人员全力挖掘抢救。

4）在救护过程中要防止二次坍塌伤人，必要时先对危险的地方采取一定的加固措施。

5）按照有关救护知识，立即救护抢救出来的伤员，在等待医生救治或送往医院抢救过程中，不要停止和放弃施救。

（5）有毒气体中毒事故应急常识

1）最早发现者应立即大声呼救，向有关人员报告或报警，如原因明确应立即采取正确方法施救，但决不可盲目救助。

2）迅速查明事故原因和判断事故发展状态，采取正确方法施救。

如中毒事故必须先通风或戴好防毒面具方可救人；如缺氧，则要戴好有供氧的防毒面具才可救人。

3）救出伤员后按照有关救护知识，立即救护伤员，在等待医生救治或送往医院抢救过程中，不要停止和放弃施救，如采用人工呼吸，或输氧急救等。

4）现场不具备抢救条件时，立即向社会求救。

（6）高处坠落伤害急救常识

1）坠落在地的伤员，应初步检查伤情，不得随意搬动。

2）立即呼叫"120"急救医生前来救治。

3）采取初步急救措施：止血、包扎、固定。

4）注意固定颈部、胸腰部脊椎，搬运时保持动作一致平稳，避免伤员脊柱弯曲扭动加重伤情。

3. 施工现场报警注意事项

（1）按工地写出的报警电话，进行报警。

（2）报告事故类型。说明伤情（病情、火情、案情）等，好让救护人员事先做好急救的准备。如火灾报警时要尽量说明燃烧或爆炸物质、燃烧程度、人员伤亡、发生火灾楼层等情况。

（3）说明单位（或事故地）的电话或手机号码，以便让救护车（消防车、警车）随时用电话通信联系。

（4）可用几部电话或手机，由数人同时向有关救援单位报警求救。以便让各种救援单位都能以最快的速度到达事故现场。

第二部分　专业基础知识

第七章　基础理论知识

建筑起重信号司索工是指在建筑施工现场从事对被吊物体进行绑扎、挂钩等司索作业和起重指挥作业的人员。

起重作业是使用起重设备，将被吊物体提升或移动到指定位置，并按要求安装固定的施工过程。起重作业中，需运用各种力学知识，借助各种起重工具、设备和场地，根据起重物体的不同结构、形状、重量、重心和起重要求，采用不同的起重作业方法。因此，建筑起重信号司索工必须掌握一定的数学、力学、机械等知识。

第一节　数学基础知识

起重作业前，需要对起重条件进行评估。对被吊物体和作业环境进行基本了解后，才能制定出可行的、安全的施工方案。作业空间、场地通道、工件体积、重量大小、形体形态、受力状态和计算分析等，是配置起重工具（设备）、组织人力及确定起重作业方法的依据。因此，起重作业人员必须具备相关的数学知识。

1. 面积计算

被吊物体表面、施工现场的形状各异，计算面积时，应根据面积的形状，选择合适的计算公式。常用面积计算公式见表7-1。

常用面积计算公式汇总表　　　　　表 7-1

序号	形状	简图	面积（S）计算公式
1	正方形面积	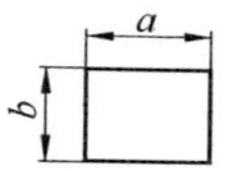	$S=a\times b$
2	矩形面积		
3	平行四边形面积	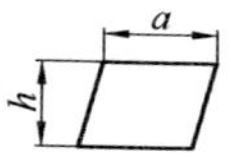	$S=a\times h$
4	梯形面积	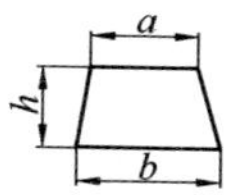	$S=\dfrac{1}{2}\times(a+b)\times h$
5	三角形面积	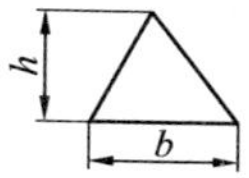	$S=\dfrac{1}{2}\times b\times h$
6	圆形面积	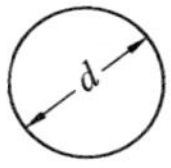	$S=\dfrac{\pi}{4}\times d^2=0.785\times d^2$
7	球形表面积		$S=4\pi R^2$ 或 $S=\pi d^2$

2. 体积计算

被吊物体形状各异，在计算被吊物体质量、选择运输车辆时，应根据被吊物体的形状，选择合适的计算公式。常用体积计算公式见表 7-2。

57

序号	形状	简　图	体积（V）计算公式
1	方柱体积		$V=a\times b\times c$
2	圆柱体积		$V=\dfrac{1}{4}\times\pi\times d^2\times h$ 或 $V=0.785\times d^2\times h$
3	圆台体积		$V=\dfrac{1}{3}\times\pi\times h\times(r_1^2+r_2^2+r_1\times r_2)$
4	圆锥体积		$V=\dfrac{1}{3}\times\pi\times r^2\times h$
5	球体体积		$V=\dfrac{4}{3}\pi R^3$ $V=\dfrac{1}{6}\pi d^3$
6	球台体积		$V=\dfrac{1}{6}\times\pi\times h\times[3\times(r_1^2+r_2^2)+h^2]$
7	球壳体积		$S=4\pi R^2-4\pi(R-\delta)^2$

3. 几何知识及应用

（1）斜面和螺旋

斜面是指与水平面形成一定角度的面。在起重作业中往往将被吊物体放在一个斜面上，使被吊物体缓缓上升或缓缓下降到达指定位置。一般用三角形来表示斜面，如图 7-1 所示。

根据功能原理，把被吊物体沿着斜面推上去所做的功，等于直接把被吊物体举到顶点所做的功，即式（7-1）：

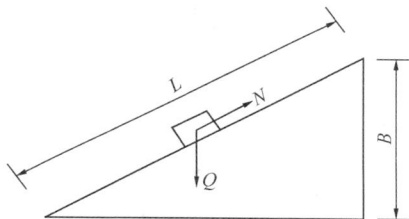

图 7-1　三角形斜面图
L—斜面的长度；B—斜面的高度；
Q—重物的重量；N—推动重物所需的力

$$N \times L = Q \times B \quad 或 \quad N/Q = B/L \qquad (7\text{-}1)$$

从上面的公式可以看出，斜面的高度是长度的几倍，所使用的力就是被吊物体重量的几分之一。因此，把被吊物体推上斜面坡顶比直接垂直地提举省力。

螺旋千斤顶是起重作业的一种省力机具，常见的螺旋千斤顶如图 7-2 所示。螺旋实际上是斜面的一种变形，可用一张直角三角形的纸片卷在圆筒体上来形象地表示，如图 7-3 所示。

图 7-2　螺旋千斤顶

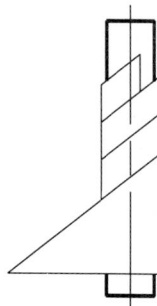

图 7-3　螺旋示意图

（2）勾股定理

在直角三角形△ABC中，见图7-4，各边长度存在着如下关系，即 $c^2 = a^2 + b^2$，在起重作业中往往用它来校正桅杆的垂直度和正交受力的分解和合成。

（3）平行四边形

平行四边形的重心在其两对角线的交点上。如果用平行四边形两条相邻的边 AD 和 AB 表示两个力的大小和方向，那么这两个力的合力的大小和方向可用 AC 表示，如图7-5所示。

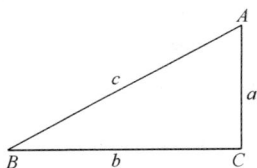

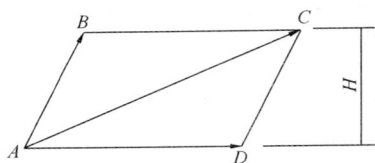

图 7-4　勾股定理图　　　　图 7-5　力分解和合成的数学模型

第二节　力学基础知识

1. 质量、重量和重心

（1）质量

质量就是物体中含有物质的多少。质量是物体的固有属性，它不随物体形状、位置和状态的变化而变化。

质量的标准单位是千克（kg），此外，还有吨（t）、克（g）等。它们之间的关系是：

$$1kg = 10^{-3}t = 10^3 g$$

（2）重量

人们在日常生活和工作中都有一个最直观的感觉，就是不论是铁球还是乒乓球，拿在手中都有质感，这种质感其实就是重量。地球上的物体受到地球的吸引力，这种吸引力我们称之为重力，其方向垂直向下（指向地心）。通常将重力的大小称为该物体的重量。重量不是物体的固有属性，它随其在地球上的位置和高度变化而变化。

重量的标准单位是牛顿（N），此外，还有千牛（kN）。以前还有用千克力（kgf）、吨力（tf）表示，千克力又称公斤力。它们之间的关系是：

$$1kN=10^3N, 1kgf=9.8N, 1tf=10^3kgf=9.8×10^3N$$

（3）质量和重量的计算

1）质量的计算

质量等于物体的体积乘以密度，即式（7-2）：

$$m=\rho V \tag{7-2}$$

式中　m——物体的质量（kg）；

　　　V——物体的体积（m³）；

　　　ρ——物质的密度（kg/m³）。

常用材料的密度 ρ 见表7-3。

常用材料密度表

表7-3

物体的材质	密度/（kg/m³）
钢、铸钢	7850
铸铁	7200～7500
铸铜	8600～8900
木料	500～700
黏土	2700
混凝土	1900
碎石	2400
松土	1600
砖	1400～2000

2）重量的计算

重量等于物体的质量乘以重力加速度，即式（7-3）：

$$G=mg \tag{7-3}$$

式中　G——物体的重量（N）；

m——物体的质量（kg）；

g——重力加速度（m/s²），一般 $g=9.8$m/s²。

如质量为 1kg 的物体，它的重量为：

$$G=mg=1\text{kg}\times9.8\text{m/s}^2=9.8\text{N}$$

按照以前的习惯，也可以把质量为 1kg 物体的重量写成：

$$G=mg=1\text{kg}\times9.8\text{m/s}^2=9.8\text{N}=1\text{kgf}（千克力）$$

即质量为 1 千克（kg）的物体的重量为 1 千克力，起重行业有时习惯上简称该物体的重量为 1 千克。例如：起重行业上习惯上称一个物体的重量为 5 吨或 5000 千克，实际是指这个物体的重量为 5 吨力或 5000 千克力。

（4）重心和重心计算

物体的重心就是物体上各个部分重力的合力作用点。不论物体怎样放置，物体重心的位置是固定不变的。

在起重作业中，了解和掌握设备的重心是很重要的。重心的位置不仅关系到设备的平衡，而且关系到物体的稳定性。要使起重机械和物体处于平衡位置，必须使其重心处在适当位置。在起重作业中只有保持物体的稳定性，使物体在起吊、运输过程中不倾斜、不运动、不翻转，才能保证安全作业。如吊点未通过物体重心，起吊中或起吊后将发生翻转，发生翻转是很危险的，会酿成事故。

质量均匀、形状有规则的吊件的重心与它的几何中心重合。例如：

1）粗细均匀的棒重心在其全长的二分之一处；

2）薄圆板和圆环的重心在圆心处；

3）正多边形薄板的重心在它的内切圆或外接圆的圆心处；

4）正方形、长方形、平行四边形薄板的重心在它们的对角线交点处；

5）球的重心在它的球心处；

6）三角形薄板的重心在其各边三条中线的交点上。

2. 力的基本概念

力是一个物体对另一个物体的作用。比如，起重机起吊重物时，由于力对重物产生了作用，使重物由静止到运动，由低位移至高位，发生了位置变化。又比如，用手拉弹簧时，可使其伸长；当手放松时，弹簧又恢复原状。所以，要改变一个物体的运动状态或形状，就必须有另外一个物体对它产生一种作用。这种作用就是力。

力的大小、方向、力的作用点，被称为力的三要素。三要素中，任何一个的改变都将会改变力对物体的作用效果。

力的单位：力的国际单位为牛顿（N）。

力不能脱离物体而存在，当某一物体受到力的作用时，一定有另一物体对它施加这种作用。

物体所受合力为零时，物体相对地球保持静止或作匀速直线运动的状态，称为物体的平衡。

3. 滑动摩擦与滚动摩擦的基本知识

（1）滑动摩擦的基本知识

两个相互接触的物体，当发生沿接触面的相对滑动或有相对滑动趋势时，彼此间作用着阻碍滑动的力，称为滑动摩擦力，在尚未发生相对滑动时出现的摩擦力叫做静摩擦力，在发生相对滑动后出现的摩擦力叫做动摩擦力。最大静摩擦力 F_{max} 与重物对支承面的正压力 N 成正比，如图 7-6 所示，即式（7-4）：

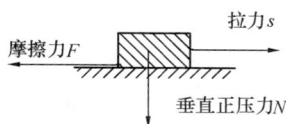

图 7-6　滑动摩擦示意图

$$F_{max} = \mu N \qquad (7-4)$$

式中：μ 是静摩擦系数。μ 的大小与相互接触的物体的材料以及它们的表面的情况（光滑、温度、湿度等）有关，与接触面积的大小无关。

两个相互接触的物体在开始滑动后的摩擦力 F，其规律与静摩擦力相似，它的方向与物体滑动的方向相反，即式（7-5）：

$$F = \mu N \qquad (7-5)$$

式中：μ 为动摩擦系数，其值略小于静摩擦系数。

各种材料在不同表面接触情况下的静摩擦系数是由实验测得的，常用的滑动摩擦系数见表 7-4。

滑动摩擦系数 表 7-4

材料名称	摩擦系数			
	静摩擦系数（μ）		动摩擦系数（μ'）	
	有润滑	无润滑	有润滑	无润滑
钢-钢	0.1～0.12	0.15	0.05	0.15
钢-软钢	/	/	0.1～0.2	0.2
钢-铸铁	/	0.3	0.05～0.15	0.18
钢-青铜	0.1～0.15	0.15	0.1～0.15	0.15
铸铁-铸铁	0.8	/	0.07～0.12	0.15
铸铁-青铜	/	/	0.07～0.15	0.15～0.2
铸铁-木材	/	0.65	0.2	0.3～0.5
青铜-青铜	0.1	/	0.07～0.1	0.2
木材-木材	0.1	0.4～0.6	0.07～0.15	0.2～0.5
木材-麻绳	/	0.8	/	0.5

（2）滚动摩擦的基本知识

如图 7-7 所示，假设有一个半径为 R 的滚子，其重量为 Q，放在水平面上，由于滚子和支承面都不是绝对的刚体，在受力后都会产生变形，所以在滚子与平面接触的地方不是一条直线而是一部分面积 ab。法向反力也不是一个集中的力，而是沿面积分布的，并且不是均匀分布的，而是越靠近中间点越大。

当滚子不转动时，分布力的合力——法向反力 N 是通过中点并且与重力 Q 作用在一条直线上，重力 Q 与法向反力 N 平衡，如图 7-7（a）所示。

若在滚子上作用一个水平力 P，则滚子将有向前滚动的趋势或向前滚动，这时支承面将给滚子一个静摩擦力 F 和法向反力

N，由于变形区域 ac 部分的减小，bc 部分的增大，所以法向反力 N 沿滚子的滚动方向移动了一小段距离 d，如图 7-7（b）所示，由平衡方程式可以得到式（7-6）：

$$\Sigma X = 0 \qquad P - F = 0 \qquad 得 \quad F = P$$

$$\Sigma Y = 0 \qquad N - Q = 0 \qquad 得 \quad N = Q$$

$$\Sigma M_c = 0 \qquad Nd - Ph = 0$$

$$d = \frac{Ph}{N} \tag{7-6}$$

从式中可以看出，d 随着 P 值的增大而增大，当 P 值增大到使平衡将要破坏而还未破坏的临界状态时，d 达到最大值。

根据力的平移定理，在临界状态时把法向反力 N 移到 c 点，这时则应附加一个力偶，如图 7-7（c）所示，其力偶矩 $M = Nd$，因为力偶是阻碍滚子滚动的，所以叫做滚动摩擦力偶，d 叫做滚动摩擦系数。这个系数一般用 δ 来表示，它具有力臂的意义，单位为长度单位，一般用 cm。

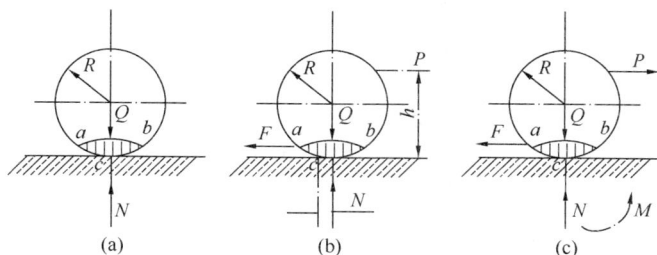

图 7-7　滚动摩擦系数分析示意图

滚动摩擦系数 δ 在一定条件下与材料的硬度有关，材料硬一些，受载荷作用后变形就小一些，滚动摩擦系数 δ 也就小；反之，材料软，变形就大，滚动摩擦系数 δ 也就大。

常用的滚动摩擦系数见表 7-5。

滚动摩擦系数（单位：cm） 表 7-5

接触材料	铸铁与铸铁	钢与钢	钢与木材	钢与水泥地	钢与土地
摩擦系数 δ	0.05	0.05	0.1	0.08	0.15

利用滚杠水平运输物件时，若滚杠的直径为 D，滚杠上承受的压力为 Q，要使滚杠转动，作用在滚杠最高点的牵引力 S 必须克服滚杠上、下的滚动摩擦力矩才能使滚杠转动，如图 7-8 所示，则平地滚运物件时，滚杠上所需的牵引力 S 的计算公式如式（7-7）：

$$SD \geqslant Q(\delta_1 + \delta_2)$$
$$S \geqslant \frac{Q}{D}(\delta_1 + \delta_2) \tag{7-7}$$

式中　S——牵引力（N）；

　　　Q——物件作用在滚杠上的力（N）；

　　　D——滚杠的直径（mm）；

　　　δ_1——滚杠与滚道之间的滚动摩擦系数（mm）；

　　　δ_2——滚杠与拖排之间的滚动摩擦系数（mm），如果物件底面直接放在滚杠上时，δ_2 为滚杠与物件底面之间的滚动摩擦系数。

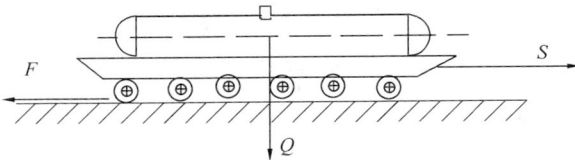

图 7-8　平地滚运物件受力分析示意图

4. 杠杆原理与应用

杠杆在我国古代就有了许多巧妙的应用，如称重量用的天平和杆秤等。在起重作业中杠杆原理运用得较为广泛，因此起重工必须掌握和运用好杠杆原理。

杠杆是什么？其实就是一根硬棒，在力的作用下如果能绕着固定点转动，这根硬棒就叫杠杆。为了了解杠杆的作用，首先必须熟悉以下几个有关的名词，如图 7-9 所示：

支点：杠杆绕着转动的点（图 7-9 中的 O 点）；

动力：使杠杆转动的力（图 7-9 中的 F_1）；

阻力：阻碍杠杆转动的力（图 7-9 中的 F_2）；

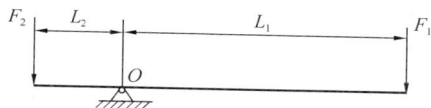

图 7-9　杠杆原理

动力臂：从支点到动力作用线的垂直距离（图 7-9 中的 L_1）；

阻力臂：从支点到阻力作用线的垂直距离（图 7-9 中的 L_2）；

$$动力 \times 动力臂 = 阻力 \times 阻力臂$$

即　　　　　　　　$$F_1 \times L_1 = F_2 \times L_2$$

这个平衡条件就是阿基米德发现的杠杆原理。在生产实践中杠杆原理得到了广泛运用，杠杆原理运用举例如图 7-10 所示。

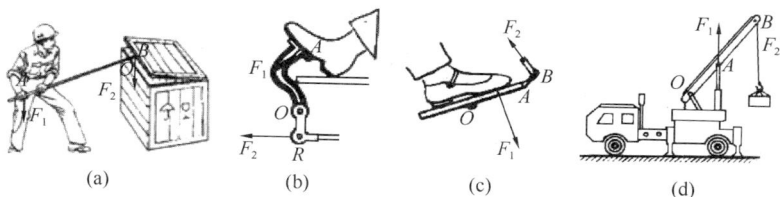

图 7-10　杠杆原理运用举例图

（1）动力臂大于阻力臂，用较小的动力就可以克服较大的阻力，这是省力杠杆，如图 7-10（a）所示。

（2）动力臂小于阻力臂，动力大于助力，需用较大的动力来克服阻力，一般用与动作需缓慢的机构，这是费力杠杆，如图 7-10（c）所示。

（3）当动力臂等于阻力臂，平衡时阻力等于动力，这样的杠杆既不省力也不费力。

省力杠杆的优点是明显的，它既简单又方便，一力撬千斤。但是使用费力杠杆也不是没有好处。如图 7-10（c）中的缝纫机踏板，我们已经分析出这是个费力杠杆，脚加在踏板上的力 F_1 比要克服的连杆的阻力 F_2 大，但是脚掌只要向下移动较小的距离，就能使连杆移动较大的距离，虽然费了力，但省了距离，使工作更方便。与此相反，省力杠杆虽然省力，但是动力移动的距离却比阻力移动的距离大，虽然省了力，但费了距离。

第三节　机械与液压传动基础知识

1. 机械基础知识

在起重作业中，要使用各种各样的起重机械，如起重机、汽车等。起重机械是由许多构件装配成整体的，构件是机器中运动的单元。

各类起重机械的构造、性能和用途是不一样的，但它们都具有以下三个共同特征：

（1）都是由零部件组合而成；

（2）都具有一定的传动方式，各构件之间具有确定的相对运动；

（3）都能利用机械能来完成有用功或转换机械能。

2. 常用机械连接

（1）螺纹连接

利用螺栓、螺母等零件，把需要相对固定在一起的零件连接在一起的方式，称为螺纹连接。

1）螺纹连接的种类

① 螺栓连接

图 7-11 为螺栓连接。它的特点是被连接件上无螺纹，只需制成光孔。螺栓连接主要用于被连接件都不太厚并能在连接件两

边进行装配的场合。

螺栓连接分为普通螺栓连接、铰制孔螺栓连接和高强螺栓连接三种。图 7-11（a）所示为普通螺栓连接，被连接的通孔与螺栓杆间有一定间隙，在这种情况下螺栓受到拉伸作用。普通螺栓连接加工精度较低，结构简单，装拆方便，应用广。图 7-11（b）所示为铰制孔螺栓连接，螺栓的光杆和通孔间采用基孔制过渡配合，这种连接的螺杆工作时受到剪切和挤压作用，主要承受横向载荷。其用于载荷大、冲击严重、要求良好对中的场合，但加工精度高，装配难度大。高强度螺栓的栓体和螺母均用高强度钢材制造，被连接件的螺孔直径一般比螺栓直径大 2mm，安装时，要用力矩扳手对螺栓施以很大的预紧力，从而在被连接面间产生很大的摩擦力来传递载荷，其可承受拉压和剪切载荷，装配工艺简单。

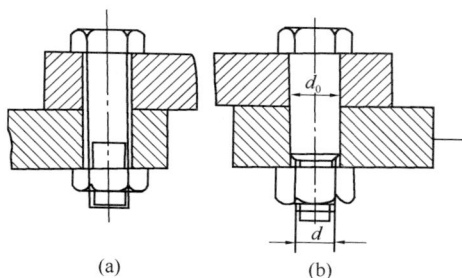

图 7-11　螺栓连接

（a）普通螺栓连接；（b）铰制孔用螺栓连接

② 双头螺柱连接

双头螺柱连接常用于被连接件之一较厚或为了使结构紧凑必须采用不通孔的场合。双头螺柱螺纹较短的一端可旋入被连接件，不适宜常拆卸。而无螺纹孔的被连接件、螺母及垫圈均可多次拆装。

③ 螺钉连接

如图 7-12（a）所示，螺钉连接不用螺母，它适用于被连接

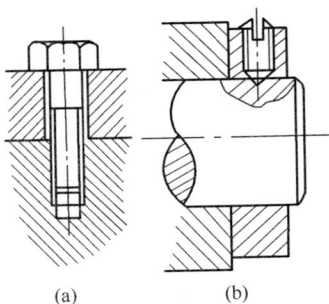

图 7-12　螺钉与紧定螺钉连接

(a) 螺钉连接；(b) 紧定螺钉连接

件较厚而不常拆装的场合。

④ 紧定螺钉连接

紧定螺钉连接是用紧定螺钉旋入被连接件之一的螺纹孔中，如图 7-12（b）所示。其用末端顶紧另一个被连接件，使两个零件位置固定，并可传递不太大的力或力矩。

⑤ 特殊结构的螺纹连接

图 7-13（a）为将机座或机架固定在地基上的地脚螺栓连接。图 7-13（b）为起吊机器或大型零部件的吊环螺钉连接。图 7-13（c）为用于工装设备的 T 形槽螺栓连接。

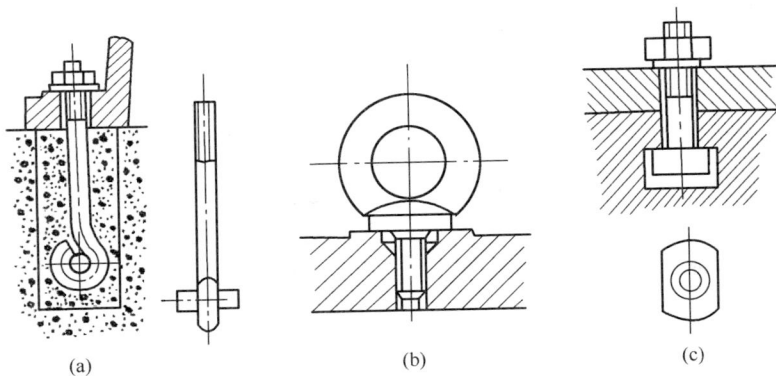

图 7-13　特殊结构的螺纹连接

(a) 地脚螺栓连接；(b) 吊环螺钉连接；(c) T 形槽螺栓连接

2）螺纹连接的防松

受静载荷作用、采用标准螺纹连接件的螺纹连接，由于自锁而不会松动。在变载荷、振动、连续冲击荷载或温度较高的情况下，螺纹连接会松动。连接发生松动的危害很大，轻则使工作不正常，重则会引起严重事故。因此，用于变载荷的螺纹连接必须采取防松措施。

螺纹连接的防松装置类型很多，按防松原理可分为靠摩擦力防松、机械方法防松和永久止动。

① 靠摩擦力防松

靠摩擦力防松的原理是使互相旋合的内外螺纹中存在压力，靠螺纹间的摩擦力和支承面与螺母间的摩擦力来防松，常用型式有双螺母防松、弹簧垫圈防松。

② 机械方法防松

机械方法防松最可靠，常应用于高速动载的螺纹连接，如运输车辆，工程机械等均常采用。其常用型式有槽形螺母与开口销防松、止动垫圈防松。

③ 永久止动防松

当螺纹连接不需要再拆卸时，可应用永久止动防松，如铁塔地脚螺栓的防松。永久止动常用冲点法、黏结法或焊接法。

（2）销连接

1）销的类型

销主要用于零件之间的连接与定位。常用的销有圆柱销、圆锥销和开口销，如图 7-14 所示。

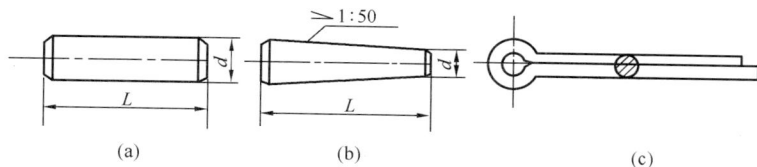

图 7-14　销的类型

（a）圆柱销；（b）圆锥销；（c）开口销

2）销连接的作用

圆柱销和圆锥销的作用：一是定位，二是连接并传递转矩，三是安全保护。开口销的作用主要是防止被连接件松脱。

3. 常用机械传动的种类

（1）带传动

1）带传动的工作原理

带传动是一种应用很广的机械传动，一般多用于减速传动。带传动由主动带轮、从动带轮和紧套在两带轮上的传动带组成，如图 7-15 所示。带传动的工作原理是：传动带紧套在两带轮上，使带与带轮接触面之间产生压力。当主动轮回转时，带与带轮的接触面便产生摩擦力，摩擦力使传动带运动，而传动带又靠它与从动轮之间的摩擦力，使从动轮运动。

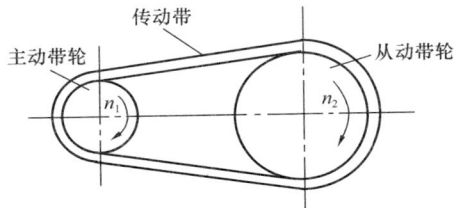

图 7-15　带传动

2）带传动的类型

按传动带的横截面形状，带传动分为平带传动、V 带传动、圆带传动和同步带传动。

① 平带传动

平带的横截面为长方形，其工作面为内表面。常用的传动带以橡胶帆布带为最多，另外还有质量较高的丝织带和锦纶编织带等多种。

② V 带传动

V 带旧称三角带，新标准称 V 带。V 带的横截面为梯形，它的工作面为两侧面。与平带相比，在相同条件下，V 带的传动能力要强 3 倍左右，因此应用广泛。平带只用一根，而 V 带可用多根，所以 V 带传递功率的范围也更广。

③ 圆带传动

圆带的横截面为圆形。圆带一般用皮革或合成纤维制成，常用于功率很小的场合，如缝纫机和医疗设备等。

④ 同步带传动

啮合型带传动一般也称为同步带传动。它通过传动带内表面上等距分布的横向齿和带轮上的相应齿槽的啮合来传递运动。传动带一般用聚氨酯或氯丁橡胶制成。同步带传动除了保持带传动的缓冲、吸振、噪声小的优点外，还能保证传动比恒定。目前，这种传动已应用在机床、通风设备和电子计算机设备等之上。

（2）链传动

1）链传动的组成

链传动是具有挠性件（链条）的啮合传动。链传动主要是由主动链轮、从动链轮和跨绕两链轮的链条所组成，如图 7-16 所示，其工作时依靠链条和链轮的啮合而传递动力。

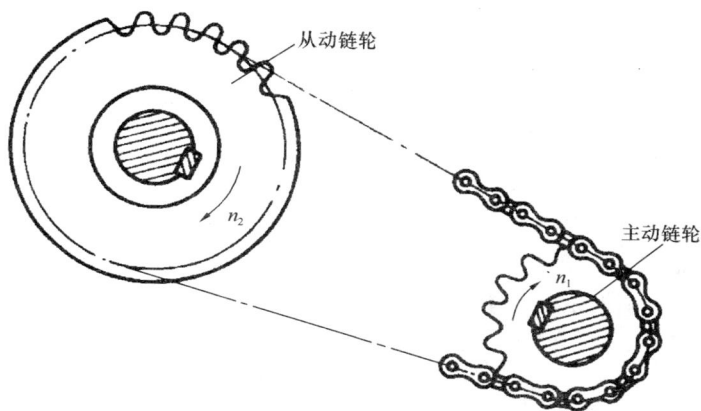

图 7-16　链传动

2）链传动的应用范围

链传动既可用于减速传动，也可用于增速传动。它最适合用于两轴相距较远，又不适合用带传动的场合。如工作现场温度高，灰尘大，不允许打滑等。运输机械、起重机械上常应用链传动。

链传动的传动比 i 一般小于 6，传递的功率 $P \leqslant 100\mathrm{kW}$，链速 $v \leqslant 15\mathrm{m/s}$，效率为 $0.95 \sim 0.98$。

3）链传动的类型

链传动的类型主要是齿形链和套筒滚子链。套筒滚子链是标准件，它的主要参数是节距。节距是指相邻两轴销轴线间的距离。

（3）齿轮传动

1）齿轮传动的特点

齿轮传动的传动比准确，传动功率范围大，可以从几瓦到几万千瓦；适应的速度范围广，可从低到 300m/s；传动率高，可达 0.98～0.99；结构紧凑，工作可靠、使用寿命长。

2）齿轮传动的分类

齿轮传动的类型很多，分类方法也有多种。

① 按啮合方式分类，可分为外啮合齿轮传动、内啮合齿轮传动和齿轮齿条传动；

② 按轮齿的形态和两齿轮轴线的相互位置分类，可分为两轴线平行的齿轮传动、两轴线相交的齿轮传动、两轴线交错的齿轮传动；

③ 按齿廓曲线分类，可分为渐开线传动、摆线传动和圆弧线传动；

④ 按传动是否封闭分类，可分为开式传动、闭式传动。一般不重要、较简单的传动用开式传动，重要而较复杂的传动用闭式传动。

3）蜗杆传动

蜗杆传动是特殊的齿轮传动，其由蜗杆和蜗轮组成，主要用于传递空间交错轴的运动和动力，如图 7-17 所示。两轴间的交错角一般为 90°。通常蜗杆传动都是以蜗杆为主动件。蜗杆传动广泛应用于电力、工程机

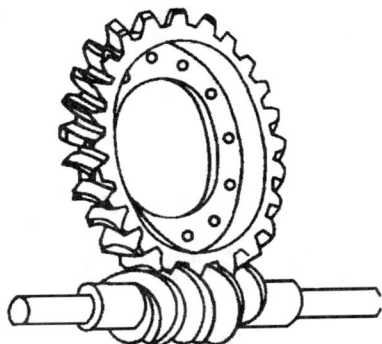

图 7-17　蜗杆传动

械、机床和起重等机械设备。

蜗杆传动具有以下特点：

① 传动比大，结构紧凑。

② 传动平稳、噪声小。蜗杆的齿形是连续的螺旋齿，传动时它连续推动蜗轮齿，无振动和冲击，非常平稳。

③ 具有自锁性能。有些蜗杆传动，当蜗杆导程角（螺旋升角）小于齿轮间的当量摩擦角时，蜗杆传动能自锁。也就是只能由蜗杆带动蜗轮，而蜗轮不能带动蜗杆。自锁性能在一些设备上应用不会引起设备反转。

④ 传动效率低。因蜗杆与蜗轮的齿面间存在着相当大的滑动摩擦，所以发热严重，功率损失大，效率低，一般为 $0.7\sim 0.8$。当具有自锁性时，效率低于 0.5。

⑤ 适用功率范围小。因效率低，蜗杆传动不适合传递较大功率，一般应用在 40kW 以下，不长期连续工作的场合。

⑥ 需用贵重材料制造蜗轮。蜗杆传动中，为了减轻磨损，蜗轮要用贵重的减摩材料制造。

4. 液压传动基础知识

（1）液压传动的工作原理

液压传动是利用密封容器内的液体（常用油）传递动力或控制动作的一种传动方式。目前，在各类机械设备中已普遍应用液压技术。

液压传动的原理是：以油液为工作介质，通过密封容器的容积变化传递运动，依靠油液的压力传递动力。

（2）液压传动的基本组成

油压千斤顶（图 7-18）的液压工作原理是：手动液压泵是动力装置，它将人力产生的机械能转换为油液的压力能；升举液压缸是执行装置，它将油液的压力能转换为机械能，举起重物；油液流动方向的变换是由单向阀和控制阀实现的，它们是控制装置；此外，油管、油箱等也必不可少，它们属于辅助装置。

总之，液压传动除工作介质油液外，主要由四部分组成，它

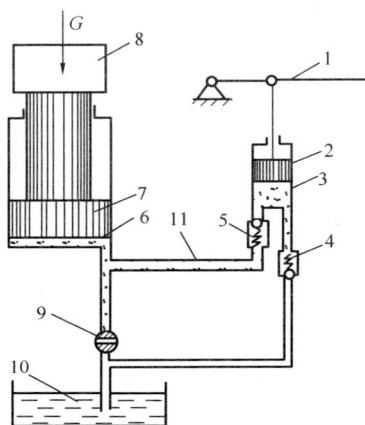

图 7-18　油压千斤顶

1—杠杆；2—小活塞；3—小油缸；4、5—单向阀；
6—大油缸；7—大活塞；8—重物；9—控制阀；
10—油箱；11—油管

们是：

① 动力装置——液压泵

动力装置的作用是向液压系统提供压力油，将原动机（主要是电动机）输出的机械能转变为液体的压力能。

② 执行装置——液压缸或液压马达

执行装置的作用是在压力油的推动下，对外做功，满足使用要求。

③ 控制装置——各种控制阀

控制装置分别控制或调节液压系统的压力、流量、速度及流动方向，使其按要求进行工作。

④ 辅助装置——油箱、油管、压力表、滤油器等

辅助装置在液压系统中起连接、贮油、过滤及检测等作用。

5. 主要机械零部件

（1）轴

轴是机械设备中主要的零件之一。它的作用是支持回转运动

的零件（齿轮、叶轮等），并传递运动和转矩。轴和旋转零件的配合部分称为轴头，轴头为圆柱形或圆锥形。轴和轴承配合部分称为轴颈。

（2）轴承

轴承是支承轴的部件，在机械设备中起重要作用。

按摩擦性质，轴承分为滑动摩擦轴承（简称滑动轴承）和滚动摩擦轴承（简称滚动轴承）两大类。

1）滑动轴承

滑动轴承工作可靠、寿命长、运转平稳、噪声小，承载能力强，在要求低的设备中应用广泛。按滑动轴承能承受的载荷方向，可分为承受径向载荷的向心轴承和承受轴向载荷的推力轴承两类。由于推力滑动轴承不如推力滚动轴承使用方便，一般机械均选用推力滚动轴承。向心滑动轴承应用较多。

2）滚动轴承

① 滚动轴承的结构

除极少数外，绝大多数滚动轴承都是由外圈、内圈、滚动体和保持架四部分组成的，如图 7-19 所示。外圈和内圈分别与轴承座孔和轴颈装配在一起，工作时，滚动体在内、外圈之间滚动。保持架的作用是把滚动体均匀分开，不让它们之间产生摩擦

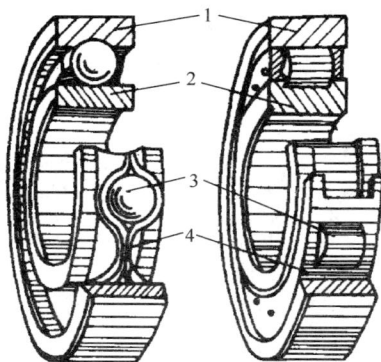

图 7-19　滚动轴承
1—外圈；2—内圈；3—滚动体；4—保持架

和磨损。

② 滚动轴承的分类

按滚动体的形状分类，可将滚动轴承分为球轴承、短圆柱滚子轴承、长圆柱滚子轴承、球面滚子轴承、圆锥滚子轴承和滚针轴承。按滚动轴承能承受的载荷方向分类，可将轴承分为向心轴承、推力轴承和角接触轴承三类。

（3）联轴器

将两联轴接在一起，只有在机器停止转动后，才能将两轴拆卸开的装置称为联轴器。根据不同结构，联轴器可分为刚性联轴器和挠性联轴器。

1）刚性联轴器

刚性联轴器又分为固定式和可移式两类。固定式刚性联轴器在安装和工作（运转）时，要求两轴线严格同心，而可移式刚性联轴器允许有一定限度的偏斜和偏移。

① 固定式刚性联轴器中最简单的固定式刚性联轴器为套筒联轴器。它由套筒和销钉或键所组成。套筒联轴器结构简单，装拆不太方便，常用于机床、仪器设备中。

固定式刚性联轴器中应用最多的是凸缘联轴器。它由两个半联轴器和连接螺栓组成，成本不高，可传递大的转矩，适合连接转速低、刚性好、对中准确的轴。

② 可移式刚性联轴器，常见的有滑块联轴器、齿轮联轴器和万向联轴器三种。

2）挠性联轴器

其因装有弹性元件，不仅可以补偿两轴间的偏移，而且具有缓冲减振的能力。因此其适用于正、反转变化多，启动频繁的高转速连接，如电动机与工作机的连接。

常用的挠性联轴器主要有弹性套柱销联轴器、弹性柱销联轴器和梅花弹性联轴器三种。

第八章　起重司索专业技术知识

第一节　起重索具、吊具

起重索具是在起重作业中用来捆绑、牵引、搬运和提升物件的工具。常用的有白棕绳、钢丝绳、尼龙绳、链条等。

1. 白棕绳

（1）白棕绳的用途、分类、结构、规格代号和标记

剑麻白棕绳简称为白棕绳，是以剑麻为原料制成的绳索。其具有滤水、耐磨蚀、耐摩擦和富有弹性的特点。其抗冲击、抗拉力和抗扭力较强。白棕绳主要用于受力较小的缆风绳、溜绳，也可用于起吊轻小物件。

剑麻白棕绳按其自身的组织结构可分为捻绞绳和编绞绳两类。

捻绞绳分为代号 A 型的无绳芯结构三股绳（图 8-1）和代号 B 型的有绳芯结构四股绳（图 8-2）两种产品。

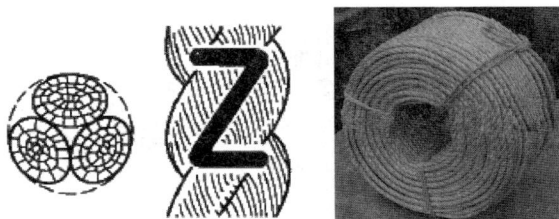

图 8-1　无绳芯结构三股绳（A 型）

编绞绳分为代号 L 型的有绳芯结构八股绳产品，如图 8-3 所示（若是 12 股和 16 股的编绞绳，可在代号 L 后加入该产品的股

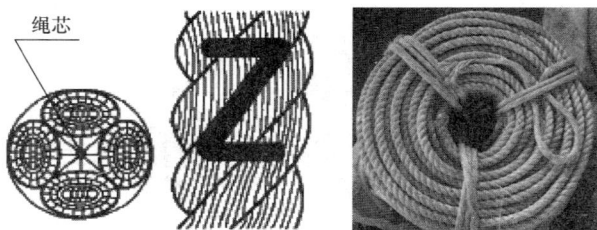

图 8-2 绳芯结构四股绳（B 型）

数作为产品代号，如 L12 或 L16）。

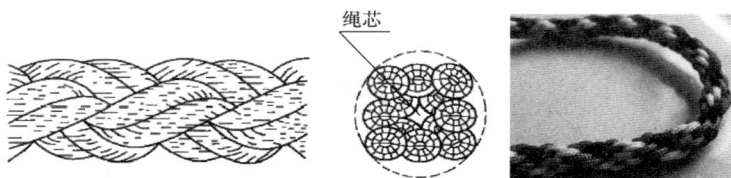

图 8-3 有绳芯编绞八股绳（L 型）

剑麻白棕绳以其品名、本标准代号、结构、规格等产品特性代号进行产品标记。其意义和表示方法如下：

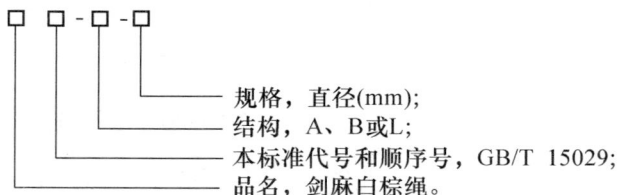

规格，直径(mm);
结构，A、B或L;
本标准代号和顺序号，GB/T 15029;
品名，剑麻白棕绳。

如：公称直径为 10mm 的三股剑麻白棕绳标记为：

剑麻白棕绳 GB/T 15029—A-10。

白棕绳又分为浸油和不浸油两种。浸油白棕绳具有耐磨蚀和防潮性能，但由于受油中所含酸的影响，强度比不浸油的白棕绳大约下降 10%，同时挠性下降，自重增加，成本上升，故不常被采用。

（2）常用的白棕绳为捻绞三股绳、捻绞四股绳、编绞三股绳，其规格性能见表 8-1。

常用的白棕绳规格性能表 表 8-1

公称直径 /mm	捻绞三股绳和四股绳				编绞三股绳	
	重量/ (kg/100m)	最小破断拉力/N			重量 /(kg/100m)	最小破断 拉力/N
		优等品	一等品	合格品		
6	2.9	2.55	2.4	2.3	—	—
8	5.4	4.73	4.5	4.25	—	—
10	6.8	6.22	5.9	5.6	—	—
12	10.5	9.36	8.9	8.4	—	—
14	14	12.6	12.0	11.30	—	—
16	19	17.7	16.8	15.90	17.7	17.2
18	22	21	19.9	18.90	22.5	21.6
20	27.5	27.9	26.5	25.10	27.7	26.5
22	33	33.4	31.7	30.10	33.5	31.9
24	40	39.9	37.9	35.90	39.9	37.8
26	47	46.4	44.1	41.8	46.8	44.2
28	53	52.2	49.6	47.0	54.3	51
30	62.5	59.8	56.8	53.8	62.4	58.3
32	70	67.3	63.9	60.6	71	66
36	89	85.3	81.1	76.8	89.8	82.9
40	110	103	97.9	95.9	111	102
44	134	125	118.8	112.5	134	122
48	158	145	137.8	130.5	160	145
52	187	170	161.5	153	187	169
56	215	195	185.3	175.5	217	195
60	248	222	210.9	199.8	249	223
64	—	—	—	—	284	253
68	—	—	—	—	320	284
72	—	—	—	—	359	317
76	—	—	—	—	400	352
80	—	—	—	—	444	389
88	—	—	—	—	537	468
96	—	—	—	—	639	553

（3）白棕绳的许用拉力

白棕绳在起重吊装工作中主要受拉伸作用，因此选用白棕绳时要进行抗拉能力计算。由于白棕绳可能存在制造缺陷，容易磨损并需考虑动力冲击因素的影响，白棕绳许用拉力（最大工作拉力）比其试验时的破断拉力小。其计算公式见式（8-1）：

$$F = S_b/K \qquad (8\text{-}1)$$

式中　F——白棕绳的许用拉力（N）；

　　　S_b——白棕绳的破断拉力（N），按表 8-1 进行选取；

　　　K——白棕绳的安全系数，见表 8-2。

白棕绳的安全系数 K　　　　表 8-2

使用情况	安全系数 K
地面水平运输设备	3
高空系挂式吊装设备	5
慢速机械操作，环境温度在 40～50℃ 和载人情况下	10

为使用方便，白棕绳的许用拉力也可以估算，其近似破断拉力见式（8-2）：

$$S_b = 50d^2 \qquad (8\text{-}2)$$

式中　d——白棕绳直径（mm）。

估算的许用拉力为：

$$F = 50d^2/K$$

例 8-1：假设用 Φ16mm 白棕绳吊装设备，试用近似值计算其破断拉力和许用拉力。

解：已知 d＝16mm，查表 8-2，K＝5，所以：

$$S_b = 50d^2 = 50 \times 16^2 = 12800 \text{（N）}$$
$$F = S_b/K = 12800/5 = 2560 \text{（N）}$$

2. 钢丝绳

钢丝绳又称钢索或钢绳。其强度高、重量轻、弹性好、能承受冲击载荷；高速运行时，运行稳定，噪声小，挠性好，使用灵活；磨损后，外表会产生许多毛刺，易于检查；破断前有断丝的预兆，且整根钢丝绳一般不会同时断裂。钢丝绳是起重机的重要零部件之一，也是起重作业中最常用的绳索，用来捆绑、起吊、拖拉重物。

（1）钢丝绳的构造和种类

钢丝绳是用多根或多股细钢丝拧成的挠性绳索或由多层钢丝捻成股，再以绳芯为中心，由一定数量股捻绕成螺旋状的绳。钢丝绳可按照"钢丝绳-绳股-钢丝-绳芯"分解来看，如图 8-4 所示。

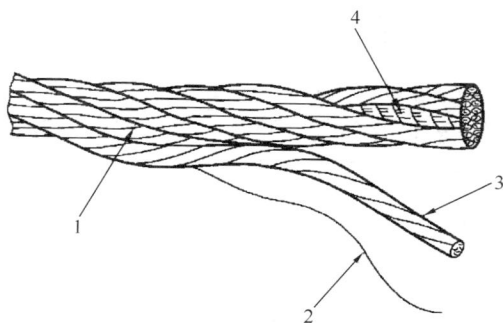

图 8-4　钢丝绳的结构型式
1—钢丝绳；2—钢丝；3—绳股；4—绳芯

1）钢丝绳的分类

钢丝绳的种类很多，分类方式如下：

① 按结构分：钢丝绳分为多股钢丝绳、单捻钢丝绳、包覆和（或）填充钢丝绳。

a. 多股钢丝绳即多个股围绕一个芯绳（单层股钢丝绳）或一个中心（阻旋转或平行捻密实钢丝绳）螺旋捻制一层或多层的钢丝绳。按结构不同又分为单层股钢丝绳、阻旋转钢丝绳、缆式钢丝绳等很多品种。其中，起重作业常用的钢丝绳是单层股钢丝绳。

b. 单捻钢丝绳即由至少两层钢丝围绕一中心圆钢丝、组合股或平行捻股螺旋捻制而成的钢丝绳。

c. 包覆和（或）填充钢丝绳即外部包覆有固态聚合物，或将固态聚合物填充到钢丝绳的间隙中的钢丝绳。

② 按表面状态分：钢丝绳分为光面钢丝绳、镀锌钢丝绳、涂塑钢丝绳。

③ 按股的断面形状分：钢丝绳分为圆股钢丝绳、异形股钢丝绳。

2）常用钢丝绳结构

常见的钢丝绳为单层股钢丝绳，如图 8-5 所示。单层股钢丝绳全称为单层多股钢丝绳，是一层股围绕一个芯螺旋捻制而成的多股钢丝绳。通常，起重作业常用的钢丝绳为 6 股组成的单层圆股钢丝绳，由 6 股钢丝股围绕一根芯绳捻制而成，它具有较高的挠性和弹性，并能储存一定的润滑油。当钢丝绳被拉伸时，油挤到钢丝之间起润滑作用，钢丝芯适用于高温或多层缠绕的场合；纤维芯适用于非高温场合。常用的结构形式有 6×19、6×37、6×61 三种单层股钢丝绳，其技术规格见附录 B。

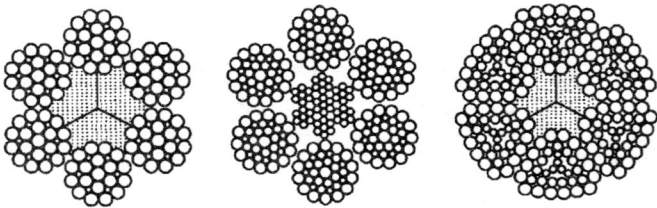

图 8-5 单层股钢丝绳示例图

3）常见钢丝绳介绍

国产钢丝绳已标准化生产。常见钢丝绳分为三种：一般用途钢丝绳，执行现行《钢丝绳通用技术条件》GB/T 20118 标准；粗直径钢丝绳，执行现行《粗直径钢丝绳》GB/T 20067 标准；重要用途钢丝绳，执行现行《重要用途钢丝绳》GB 8918 标准。

① 一般用途钢丝绳：即由一般用途钢丝组成的各种圆股钢丝绳，适用于机械、建筑、船舶、渔业、林业、矿业等行业。常

用规格为 $\Phi6 \sim \Phi60$mm，所用钢丝为 $\Phi0.6 \sim \Phi4.4$mm，钢丝的强度分为 1570、1770、1960MPa 等级别。

② 粗直径钢丝绳：即直径为 $60 \sim 192$mm 的圆股钢丝绳，适用于大型吊装起重、挖掘机、船舶和打捞等行业。所用钢丝为 $\Phi1.5 \sim \Phi6.0$mm，钢丝的强度分为 1570、1770、1960MPa 等级别。

③ 重要用途钢丝绳：即由重要用途钢丝组成的各种圆股及异型股钢丝绳，适用于矿井提升、高炉卷扬、大型吊装、繁忙起重、索道、地面缆车等用途。常用规格为 $\Phi6 \sim \Phi60$mm，所用钢丝为 $\Phi0.5 \sim \Phi4.4$mm，钢丝的强度分为 1570、1670、1770、1870、1960MPa 等级别。

同样强度等级、公称直径的一般用途钢丝绳与重要用途钢丝绳的力学性能是相同的，在一般吊装作业中均可选用。两者的区别在于同直径的重要用途钢丝绳在扭转次数、反复弯曲次数、表面锌层重量等性能上高于一般用途钢丝绳，因此，重要用途钢丝绳更适用于起重性能要求稳定、使用频次高、循环次数多的重要场合。

在购买钢丝绳时，除按标记写明钢丝绳的技术规格外，还应注明执行的标准号。

4）钢丝绳标记

钢丝绳标记由钢丝绳尺寸（公称直径）、结构、芯结构、钢丝绳级别（公称抗拉强度）、钢丝表面状态、捻制类型及方向等内容组成。

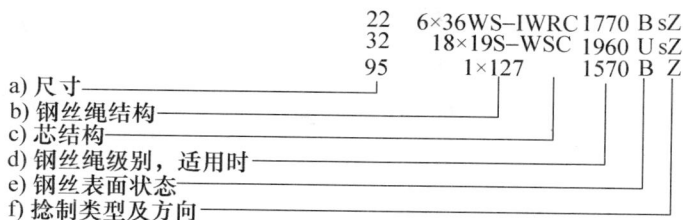

```
22      6×36WS–IWRC 1770 B sZ
32      18×19S–WSC   1960 U sZ
95        1×127        1570 B Z
a) 尺寸 ─────────────────┘
b) 钢丝绳结构 ───────────────┘
c) 芯结构 ────────────────────┘
d) 钢丝绳级别，适用时 ──────────────┘
e) 钢丝表面状态 ─────────────────┘
f) 捻制类型及方向 ────────────────┘
```

a）尺寸

尺寸主要指钢丝绳公称直径，单位为 mm。

b）钢丝绳结构

常用的单层多股钢丝绳标记为 6×36WS。其含义：外层股数为 6 股；每股由 36 根钢丝捻制而成；股的捻制方式为组合平行捻。

c）芯结构

芯结构是圆钢丝绳的中心组件，多股钢丝绳的股围绕中心组件螺旋捻制。按芯的材质分为：①纤维芯（FC）：分为天然纤维（如剑麻、棉纱）（NFC）、合成纤维（SFC）、固态聚合物芯（SPC）。②钢芯（WC）：分为钢丝股芯（WSC）、独立钢丝绳芯（IWRC）等。

d）钢丝绳级别

公称抗拉强度，单位是 MPa。

e）钢丝表面状态

钢丝绳外层钢丝的表面状态分为：光面或无镀锌（U）、B级镀锌（B）、A级镀锌（A）。

f）捻制类型及方向

如图 8-6 所示，捻制类型及方向分为右捻（Z）、左捻（S）、右交互捻（sZ）、左交互捻（zS）、右同向捻（zZ）、左同向捻

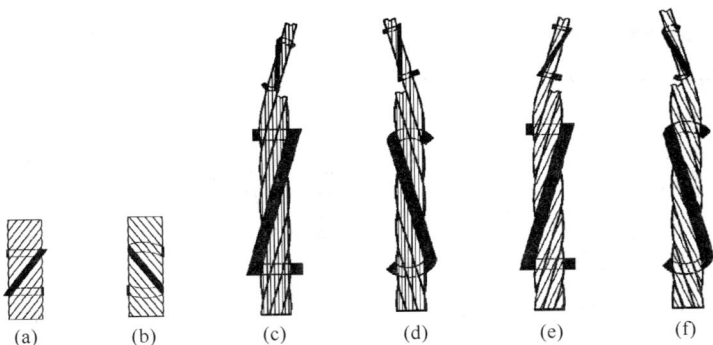

图 8-6　单层股钢丝绳示例图

（a）Z（右捻）；（b）S（左捻）；（c）右交互捻（sZ）；（d）左交互捻（zS）；
（e）右同向捻（zZ）；（f）左同向捻（sS）

（sS）。

（2）钢丝绳的选择常识

在起重作业中钢丝绳广泛用于吊运重物、穿绕滑轮、捆绑物件、拖拉重物等。由于使用场合不同，实际受力情况比较复杂，钢丝绳不仅受到拉力，而且还有弯曲力，钢丝与钢丝之间的摩擦力，钢丝绳表面与滑轮、卷筒等之间的摩擦力和挤压力等。因此要根据钢丝绳的使用场合及工作条件合理地选择钢丝绳，做到既满足使用要求，又经济合理、安全。

选择钢丝绳，应注意以下几点：

1）根据不同用途选择不同规格的钢丝绳。如作为起吊重物或穿滑轮使用，则应选择比较柔软、易弯曲的 6×37 或 6×61 钢丝绳。如作为缆风绳或拖拉绳使用时，可选用 6×19 钢丝绳。

2）根据钢丝绳所承受力的大小，按照钢丝绳许用拉力，选择合适直径的钢丝绳。

选择后的钢丝绳按式（8-3）验算：

$$S \leqslant \frac{F_0}{K}$$
（8-3）

式中　S——钢丝绳的许用拉力（kN）；

　　　F_0——钢丝绳的破断拉力（kN），按附录 B 选用；

　　　K——安全系数，按表 8-3 选取。

钢丝绳的安全系数 K　　　　　　　　　　　　表 8-3

使用情况	K 值	使用情况	K 值
用于缆风绳	3.5	用作千斤绳，无弯曲时	6～7
用于手动起重设备	4.5	用作绑扎的千斤绳	8～10
用于机动起重设备	5～6	用于载人的提升机	14

3）选用的钢丝绳必须具有足够的抗弯强度和抗冲击强度。

在起重作业中，钢丝绳可能受到冲击力，有时冲击力是起吊重物的几倍。而钢丝绳弯曲时，所受到的弯曲应力则与弯曲半径有关，弯曲半径越小，弯曲应力越大。因此，卷扬机卷筒、滑车组选择钢丝绳时，应充分考虑卷筒（滑车轮）直径的大小与钢丝绳的比例。

（3）钢丝绳的安全检查

钢丝绳在使用过程中，钢丝绳的钢丝之间及钢丝绳与其他物体之间经常产生摩擦，同时，还受到自然的与化学的腐蚀，为确保起重作业的安全，要定期对钢丝绳进行安全检查。当钢丝绳的磨损严重，断丝较多，强度减弱到一定程度时，就不能再使用，应予报废。钢丝绳的安全检查方法和报废标准有以下几个方面：

1）直径减小

若钢丝绳的表面钢丝磨损不超过 40%，允许降低拉力继续使用，但要折减；若表面钢丝磨损超过 40% 时，钢丝绳应报废。另外，如果钢丝绳发生外部磨损，使钢丝绳直径减小量达到原直径的 7% 时，钢丝绳应报废。钢丝绳直径测量方法见图 8-7。

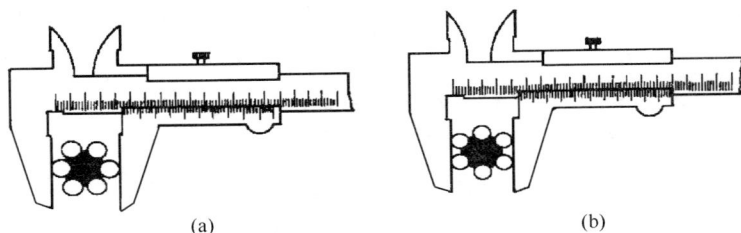

(a)   (b)

图 8-7　钢丝绳直径测量法

（a）正确测量法；（b）不正确测量法

2）结构破坏

钢丝绳在使用过程中，有时会出现钢丝绳整股断裂或钢丝绳的绳芯被挤出的情况，这样的钢丝绳应报废。但有时整股没有完全断裂，而是部分钢丝破断；在钢丝绳的一个捻距中钢丝绳断裂的根数超过规定时，钢丝绳也应予报废。断丝报废标准见表 8-4 及图 8-8。

安全系数	钢丝绳结构					
	6×19		6×37		6×61	
	在一个捻距全长中的破断钢丝根数					
	交互捻	同向捻	交互捻	同向捻	交互捻	同向捻
6 以下	12	6	22	11	36	18
6~7	14	7	26	13	38	19
7 以上	16	8	30	15	40	20

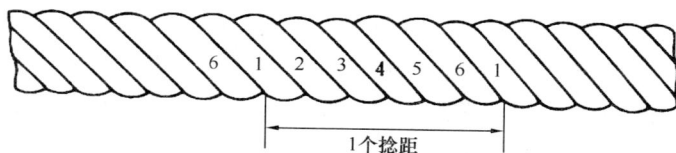

图 8-8 钢丝绳的捻距

运输或吊装金属溶液、灼热金属、含酸、易燃和有毒物品的钢丝绳，在一个捻距内钢丝破断根数达到表 8-4 中所列数值的 1/2 时，钢丝绳就应报废。

3）表面腐蚀

钢丝绳经过长期使用后，受自然和化学腐蚀是不可避免的。当整根钢丝绳的外表面受腐蚀而形成的麻面达到肉眼可见的程度时，钢丝绳就不能继续使用，应予报废。同时钢丝绳在使用过程中还会产生磨损，从而降低钢丝绳的破断拉力。钢丝绳表面出现钢丝磨损和腐蚀时，应将表 8-4 中的报废断丝数按表 8-5 折减，并按折减后的断丝数确定报废。

折减 δ 数表　表 8-5

钢丝绳表面钢丝磨损或腐蚀量（%）	10	15	20	25	30—40	≥40
折减 δ 数（%）	85	75	70	60	50	0

例：有一根 6×19 的交互捻千斤绳，在一个节距内断丝 12

根，同时表面钢丝磨损达 20%，此千斤绳是否报废？

解：千斤绳的使用安全系数为 6，查表 8-4，报废标准为 14 根断丝。因为同时有磨损，所以应按表 8-5 折减。磨损 20% 时，报废标准应降低至 70%，降低后的报废标准为 14×70%＝9.8 根断丝，而现已断丝 12 根，所以千斤绳应予报废。

3. 钢丝绳的辅助零件

（1）钢丝绳夹

钢丝绳夹（又称绳夹）主要用来夹紧钢丝绳末端或将两根钢丝绳固定在一起。使用时将钢丝绳绳端弯成圆环状以后，在并列压紧的情况下，以箍卡的方式连接起来，承受拉力。

1）钢丝绳夹（又称绳夹）

钢丝绳夹（又称绳夹），其外形见图 8-9，其尺寸见表 8-6。

标记示例：钢丝绳为右捻 6 股，规格为 20（钢丝绳公称直径为 18～20mm），夹座材料为 KTH350－10（可锻铸铁，抗拉强度 350MPa，伸长率 5%）的钢丝绳夹，标记为：绳夹　GB/T 5976—20　KTH；钢丝绳为左捻 6 股时：绳夹　GB/T 5976—20　左 KTH。

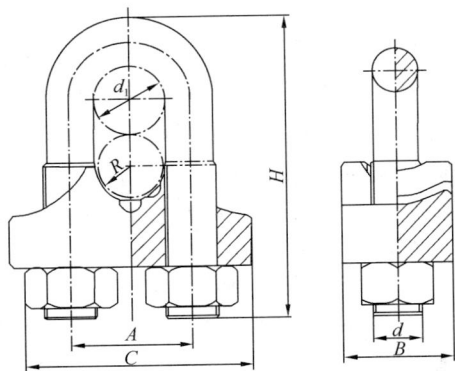

图 8-9　标准绳夹

标准绳夹尺寸表（单位：mm） 表 8-6

绳夹规格（钢丝绳公称直径）d_1	适用钢丝绳公称直径 d_1	A	B	C	R	H	螺母 d
6	6	13.0	14	27	3.5	31	M6
8	>6~8	17.0	19	36	4.5	41	M8
10	>8~10	21.0	23	44	5.5	51	M10
12	>10~12	25.0	28	53	6.5	62	M12
14	>12~14	29.0	32	61	7.5	72	M14
16	>14~16	31.0	32	63	8.5	77	M14
18	>16~18	35.0	37	72	9.5	87	M16
20	>18~20	37.0	37	74	10.5	92	M16
22	>20~22	43.0	46	89	12.0	108	M20
24	>22~24	45.5	46	91	13.0	113	M20
26	>24~26	47.5	46	93	14.0	117	M20
28	>26~28	51.5	51	102	15.0	127	M22
32	>28~32	55.5	51	106	17.0	136	M22
36	>32~36	61.5	55	116	19.5	151	M24
40	>36~40	69.0	62	131	21.5	168	M27
44	>40~44	73.0	62	135	23.5	178	M27
48	>44~48	80.0	69	149	25.5	196	M30
52	>48~52	84.5	69	153	28.0	205	M30
56	>52~56	88.5	69	157	30.0	214	M30
60	>56~60	98.5	83	181	32.0	237	M36

2）绳夹的应用

在起重作业中，对于钢丝绳的末端要加以固定，通常使用绳夹来实现。使用时，应按图 8-10 所示，将夹座扣在钢丝绳的工作段上，U 形螺栓扣在钢丝绳的尾段上。钢丝绳夹不得在钢丝绳上交替布置。

用绳夹固定时，其数量和间距（A）与钢丝绳直径成正比，

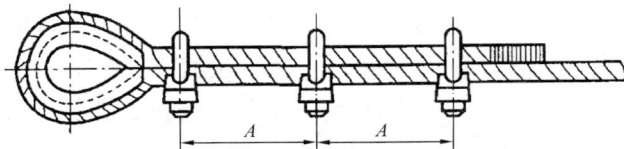

图 8-10　钢丝绳夹的正确布置方法

见表 8-7。一般绳夹的间距最小为钢丝绳直径的 6 倍。绳夹的数量不得少于 3 个。

绳夹使用标准表　　　　　　　表 8-7

钢丝绳公称直径 d/mm	$d \leqslant 18$	$18 < d$ $\leqslant 26$	$26 < d$ $\leqslant 36$	$36 < d$ $\leqslant 44$	$44 < d$ $\leqslant 60$
绳夹个数	3	4	5	6	7
绳夹间距/mm	6～7 倍的钢丝绳直径				

3）绳夹使用的要点

① 钢丝绳搭接使用时，所用绳夹的数量应按表 8-7 的数量增加一倍。

② 使用绳夹时，螺母应自由拧入，但不得松动。

③ 绕接的钢丝绳在不受力的状态下固定时，安装绳夹的顺序从近护绳环处开始，即第一个绳夹应靠近护绳环；绕接的钢丝绳在受力的状态下固定时，安装绳夹的顺序从近绳头处开始，即第一个绳夹应靠近绳头。绳头的长度宜为绳直径的 10 倍，不得小于 200mm。绳夹的使用标准应符合表 8-7 的规定。

④ 使用绳夹时，开口应朝一个方向排列，且 U 形螺栓扣在钢丝绳的末端绳股一侧，使马鞍座与主绳接触；只有当绳夹用于钢丝绳对接时，绳夹朝两个方向相对排列。

⑤ 为保证安全，每个绳夹应拧紧至卡子内钢丝绳压扁 1/3 为标准。

⑥ 钢丝绳受力后，要认真检查绳夹是否移动。如钢丝绳受力后产生变形，要对绳夹进行二次拧紧。

⑦起吊重要设备时，为便于检查，可在绳头尾部加一保险绳夹，见图 8-11，观察是否出现移动现象，以便及时采取措施。

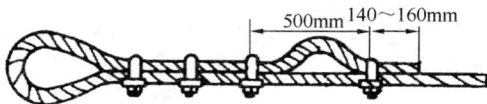

图 8-11　保险绳夹

（2）铝合金压制接头

1）铝合金压制接头型式

利用钢丝绳做吊索时，可以采用铝合金压制接头，其结构、技术要求，参见现行《钢丝绳铝合金压制接头》GB/T 6946 的规定。按接头结构外形，铝合金压制接头分为：

A 型——圆柱形接头，见图 8-12（a）；

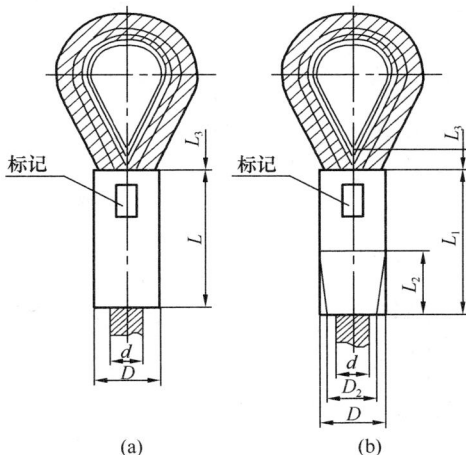

标记

标记

图 8-12　接头型式
（a）A 型；（b）B 型

B 型——圆柱锥端形接头，见图 8-12（b）。

2）型号表示方法

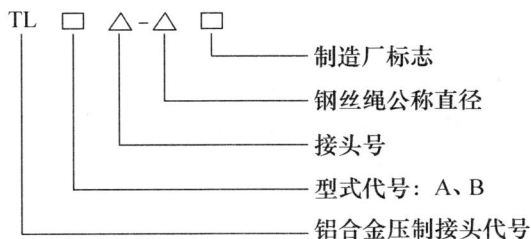

TL □ △-△ □

制造厂标志

钢丝绳公称直径

接头号

型式代号：A、B

铝合金压制接头代号

标记示例：直径为 16mm 的钢丝绳，按钢丝绳截面积选用

18号圆柱锥端铝合金压制接头，制造厂标志为××，标记为：
接头 TLB18-16 ××。

3）铝合金压制接头的使用

① 按照钢丝绳公称直径及其金属截面积，选择合适型号的接头。

② 加压前钢丝绳端部不得松散。

③ 压制前，模具的结合面和模膛应清洁，模具磨损超标时应报废。

④ 压制时应按接头型号选用相应的压制模具。接头应在压力机上一次压制成型。接头能承受钢丝绳最小破断拉力的90％的静载荷以及15％～30％的冲击载荷。

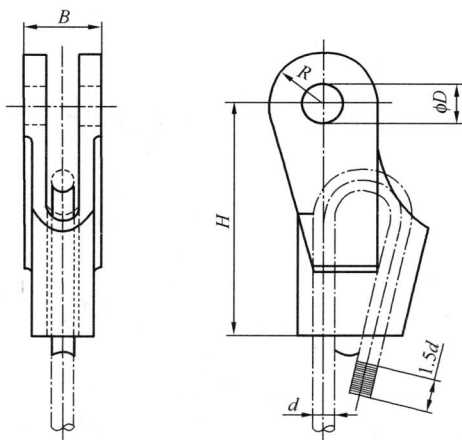

图 8-13 键式连接器

（3）键式连接器（楔形套接头）

键式连接器是使钢丝绳的一端绕过楔，利用楔在套筒内的锁紧作用使钢丝绳固定的连接器，见图 8-13。固定处的强度为钢丝绳自身强度的75％～85％。起重机上的键式连接器应符合现行《钢丝绳用楔形接头》GB/T 5973 的要求。

标记示例：规格为 20（钢丝绳公称直径 $d > 18mm \sim 20mm$）

的楔形接头，标记为：

楔形接头　GB/T 5973—20。

（4）套环

套环又称三角圈、桃形环、桃形圈、梨形环等（图8-14）。套环分为钢丝绳用普通套环（GB/T 5974.1）、钢丝绳用重型套环（GB/T 5974.2）。

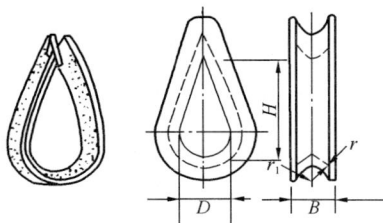

图 8-14　套环

套环用于装置在钢丝绳端头，使钢丝绳在弯曲处呈弧形，从而防止折断。套环有多种规格，选择时，应根据钢丝绳的直径、应用场所，选择相应规格的套环。

标记示例：规格为16（钢丝绳公称直径 $d > 14 \sim 16\text{mm}$）的普通套环，标记为：套环　GB/T 5974.1—16；规格为16（钢丝绳公称直径 $d > 14 \sim 16\text{mm}$）、由可锻铸铁制成的重型套环，标记为：套环　GB/T 5974.2—16KTH。

（5）花篮螺栓

花篮螺栓又称索具螺旋扣、松紧螺栓、拉紧器等。花篮螺栓用于拉紧钢丝绳，并能起到调节作用，可用于捆绑运输中的构件或调节缆风绳的松紧，如图8-15所示。常见的花篮螺栓分为CC

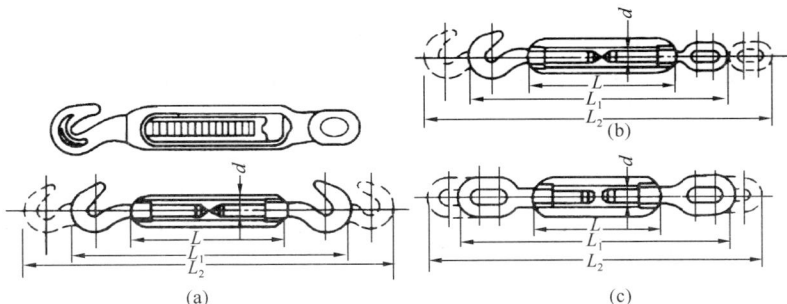

图 8-15　花篮螺栓

（a）CC型；（b）CO型；（c）OO型

型、CO 型和 OO 型。如用于经常拆卸处，可选用 CC 型；如用于一端经常拆卸，另一端固定处，可选用 CO 型；如用于不经常拆卸处，则可选用 OO 型。CC 型和 CO 型花篮螺栓规格见表 8-8，OO 型花篮螺栓规格见表 8-9。根据所用钢丝绳直径查表 8-8、表 8-9 选择相应规格的花篮螺栓。

CC 型和 CO 型花篮螺栓规格　　　　　　　表 8-8

花篮螺栓号码	允许荷载 /N	适用最大钢丝绳直径/mm	螺杆直径 d/mm	本身长度 L /mm	最小全长 L_1 /mm		最大全长 L_2 /mm	
					CC 型	CO 型	CC 型	CO 型
0.07	686	2.2	6	100	180	258	258	250
0.1	980	3.3	8	125	225	317	317	304
0.2	2450	4.5	10	150	270	380	380	370
0.3	3136	5.5	12	200	330	480	480	468
0.4	4312	6.5	14	200	344	490	490	498
0.6	6174	8.5	16	250	446	638	638	610
0.7	7546	9.0	18	300	520	748	748	720
0.9	9604	9.5	20	300	520	748	748	720

OO 型花篮螺栓规格　　　　　　　表 8-9

花篮螺栓号码	允许荷载 /N	适用最大钢丝绳直径/mm	螺杆直径 d/mm	本身长度 L/mm	最小全长 L_1/mm	最大全长 L_2/mm
0.1	980	6.5	6	100	164	242
0.2	1960	8.0	8	125	199	291
0.3	2940	9.5	10	150	250	318
0.4	3920	11.5	12	200	310	416
0.6	5880	13.0	14	200	320	466
0.8	7840	15.0	16	250	390	582
1.0	9800	17.0	18	300	400	688
1.3	12740	19.0	20	300	470	690
1.7	16660	21.5	22	350	540	806
1.9	18620	22.5	24	400	610	922
2.4	23520	28.0	27	450	680	1035

第二节　起重机具

1. 常用吊具

（1）吊索

在起重作业中，常用钢丝绳做成的一种吊具，通常称作"吊索"，也叫千斤绳。吊索一般用于把物体连接在吊钩、吊环上或用它来固定滑车、卷扬机等起重机具。吊索有开口式和封闭式两种，见图 8-16。

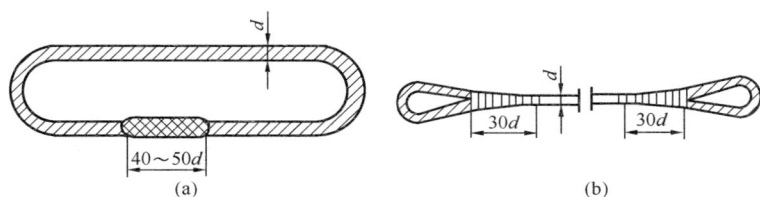

图 8-16　吊索

（a）开口式；（b）封闭式

（2）合成纤维吊带

合成纤维吊带主要有合成纤维扁平吊装带和合成纤维圆形吊装带两种。

1）合成纤维扁平吊装带

扁平吊装带是由聚酰胺、聚酯和聚丙烯合成纤维材料制成的柔性吊装带，宽度为 25～320mm，带或不带端配件，用于将载荷连接到起重机的吊钩或其他起重设备上。其按照结构分为扁平吊装带（单层）、多层吊装带、组合多肢吊装带。

吊装带或组合多肢吊装带的极限工作载荷应等于缝制织带部件的极限工作载荷乘以相应的方式系数 M（按表 8-10 选取）。

2）合成纤维圆形吊装带

合成纤维圆形吊装带，是由聚酰胺、聚酯和聚丙烯合成纤维材料制成的圆形吊装带。最大极限工作载荷可达 100t。

对于某一组合形式或使用方式，吊装带或组合多肢吊装带的极限工作载荷（WLL）应等于垂直提升时吊装带的极限工作载荷乘以相应的方式系数 M（根据表 8-11 选取）。

表8-10

合成纤维扁平吊装带极限工作载荷和颜色代号

吊装带垂直提升时的极限工作荷载/t	缝制织带部件颜色	极限工作载荷/t								
		垂直提升	扼圈式提升	平行	吊篮式提升		两肢吊索		三肢和四肢吊索	
					β=0°~45°	β=45°~60°	β=0°~45°	β=45°~60°	β=0°~45°	β=45°~60°
		M=1	M=0.8	M=2	M=1.4	M=1	M=1.4	M=1	M=2.1	M=1.5
1	紫色	1.0	0.8	2.0	1.4	1.0	1.4	1.0	2.1	1.5
2	绿色	2.0	1.6	4.0	2.8	2.0	2.8	2.0	4.2	3.0
3	黄色	3.0	2.4	6.0	4.2	3.0	4.2	3.0	6.3	4.5
4	灰色	4.0	3.2	8.0	5.6	4.0	5.6	4.0	8.4	6.0
5	红色	5.0	4.0	10.0	7.0	5.0	7.0	5.0	10.5	7.5
6	棕色	6.0	4.8	12.0	8.4	6.0	8.4	6.0	12.6	9.0
8	蓝色	8.0	6.4	16.0	11.2	8.0	11.2	8.0	16.8	12.0
10	橙色	10.0	8.0	20.0	14.0	10.0	14.0	10.0	21.0	15.0
>10.0	橙色									

注：M=对称承载的方式系数。吊装带或吊装零件的安装公差：垂直方向为6°。

表 8-11

合成纤维圆形吊装带极限工作载荷和颜色代号

吊装带垂直提升时的极限工作载荷/t	吊装带部件颜色	极限工作载荷/t								
		垂直提升	扼圈式提升	平行	吊篮式提升		两肢吊索		三肢和四肢吊索	
					$\beta=0°$ ~45°	$\beta=45°$ ~60°	$\beta=0°$ ~45°	$\beta=45°$ ~60°	$\beta=0°$ ~45°	$\beta=45°$ ~60°
		$M=1$	$M=0.8$	$M=2$	$M=1.4$	$M=1$	$M=1.4$	$M=1$	$M=2.1$	$M=1.5$
1.0	紫色	1.0	0.8	2.0	1.4	1.0	1.4	1.0	2.1	1.5
2.0	绿色	2.0	1.6	4.0	2.8	2.0	2.8	2.0	4.2	3.0
3.0	黄色	3.0	2.4	6.0	4.2	3.0	4.2	3.0	6.3	4.5
4.0	灰色	4.0	3.2	8.0	5.6	4.0	5.6	4.0	8.4	6.0
5.0	红色	5.0	4.0	10.0	7.0	5.0	7.0	5.0	10.5	7.5
6.0	棕色	6.0	4.8	12.0	8.4	6.0	8.4	6.0	12.6	9.0
8.0	蓝色	8.0	6.4	16.0	11.2	8.0	11.2	8.0	16.8	12.0
10.0	橙色	10.0	8.0	20.0	14.0	10.0	14.0	10.0	21.0	15.0
12.0	橙色	12.0	9.6	24.0	16.8	12.0	16.8	12.0	25.2	18.0

续表

吊装带垂直提升时的极限工作载荷/t	吊装带部件颜色	极限工作载荷/t									
		垂直提升	扼圈式提升	平行	吊篮式提升		两肢吊索		三肢和四肢吊索		
					β=0°~45°	β=45°~60°	β=0°~45°	β=45°~60°	β=0°~45°	β=45°~60°	
		M=1	M=0.8	M=2	M=1.4	M=1	M=1.4	M=1	M=2.1	M=1.5	
15.0	橙色	15.0	12.0	30.0	21.0	15.0	21.0	15.0	31.5	22.5	
20.0	橙色	20.0	16.0	40.0	28.0	20.0	28.0	20.0	42.0	30.0	
25.0	橙色	25.0	20.0	50.0	35.0	25.0	35.0	25.0	52.5	37.5	
30.0	橙色	30.0	24.0	60.0	42.0	30.0	42.0	30.0	63.0	45.0	
40.0	橙色	40.0	32.0	80.0	56.0	40.0	56.0	40.0	84.0	60.0	
50.0	橙色	50.0	40.0	100.0	70.0	50.0	70.0	50.0	105.0	75.0	
60.0	橙色	60.0	48.0	120.0	84.0	60.0	84.0	60.0	126.0	90.0	
80.0	橙色	80.0	64.0	160.0	112.0	80.0	112.0	80.0	168.0	120.0	
100.0	橙色	100.0	80.0	200.0	140.0	100.0	140.0	100.0	210.0	150.0	

注：M=对称承载的方式系数，吊装带或吊装带零件的安装公差；垂直方向为6°。

100

3）吊装带的标识

① 吊装带标识内容

吊装带应包括如下标识：

a. 垂直提升时的极限工作载荷。

b. 吊装带的材料，如聚酯（PA）、聚酰胺（PES）和聚丙烯（PP）。

c. 端配件等级。

d. 名义长度，单位为 m。

e. 制造商名称、标志、商标或其他明确的标识。

f. 可查询记录（编码）。

g. 执行的标准号。

② 吊装带的标识

吊装带标识即应在耐用的标签上（标签直接固定在吊装带上）清晰永久地标示出标识规定的信息。标签字体的高度应不小于 1.5mm。应将标签的一部分缝入织带中。标准标签应如图8-17所示。

织带的材料应通过标签的颜色进行标识，以下为吊装带材料及对应的标签颜色：

a. 聚酰胺：绿色。

b. 聚酯：蓝色。

c. 聚丙烯：棕色。

（3）卸扣（卡环）

卸扣又叫卸甲、卡环，它是起重施工作业中，广泛应用的轻便、灵活的连接工具。用卸扣可连接起重滑轮和固定吊索等。卸扣的种类、构造和规格如下：

1）卸扣种类

卸扣种类较多，执行的制造标准不尽相同，形成了不同的系列。常见的有美标卸扣（执行国外标准）、国标卸扣（执行 GB/T 25854）、船用卸扣（执行船舶标准）等系列。起重吊装常用的是国标卸扣。

图中标签样式：

缝入部分A（最小45mm）：
- 极限工作载荷
- 材料
- 制造商
- 追溯编码
- 标准

外露部分B（最小45mm）：
- 材料
- 长度
- 标志和标识
- 可追溯编码
- 标准
- 极限工作载荷

最小宽度45mm

极限工作载荷：

垂直提升	拖圈式提升	吊篮平行式提升	吊篮式提升(0°～45°)
M=1	M=0.8	M=2	M=1.4

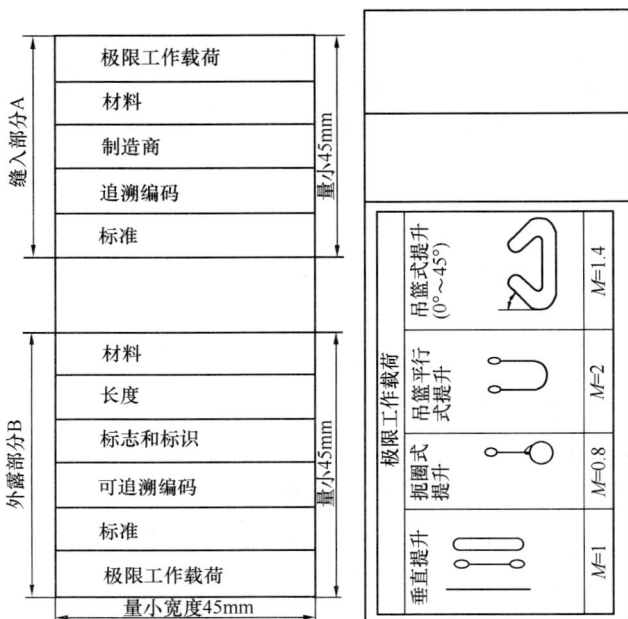

图 8-17 典型的标签样式

注：1. 标签外露部分的背面可另外注明不同使用方式下吊装带的极限工作载荷。

2. 法规标识（认证标识）应在标签上任何可见处标明。

国标卸扣按照型状，分为 D 型卸扣和弓型卸扣，如图 8-18 所示。

2）卸扣的构造与规格

卸扣的构造比较简单，由扣体（大环圈）和销轴组成。常用 D 形卸扣和弓形卸扣的强度级别分为 4 级、6 级、8 级；极限工作载荷为 0.32～100t。

卸扣的销轴有以下几种型式：

① W 型：带孔和台肩的螺纹销轴，如图 8-19 所示卸扣中的销轴，是最常用的一种型式。

② X 型：销轴做成六角头螺栓式样，用六角螺母、开口销

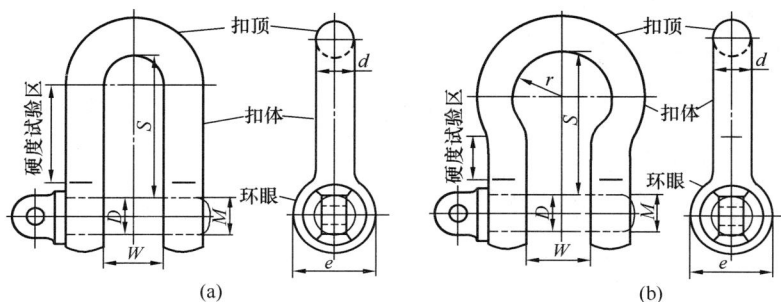

图 8-18　卸扣

（a）D 型螺旋式卸扣；（b）弓型螺旋式卸扣

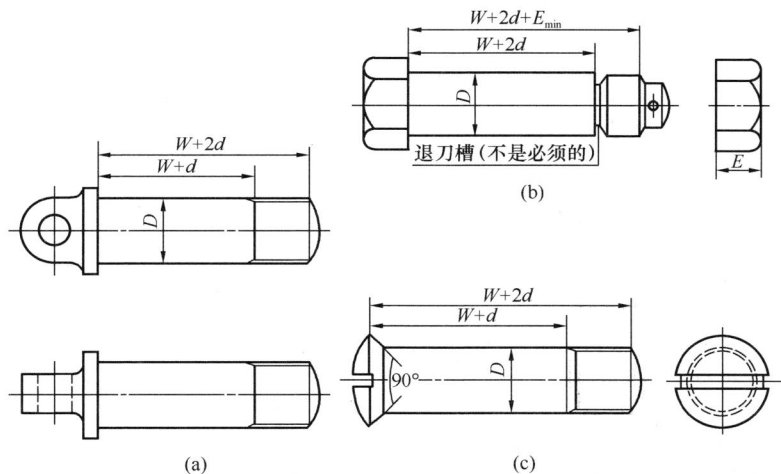

退刀槽（不是必须的）

(b)

(a)

(c)

图 8-19　销轴的几种型式

（a）W 型：带环眼和台肩的螺纹销轴；（b）X 型：六角头螺栓、六角螺母；

（c）Y 型：沉头螺钉

固定。

③ Y 型：做成沉头螺钉式样的螺纹销轴。

部分 D 型卸扣的极限工作载荷、尺寸见表 8-12。选择使用时，可采用查表的方法，选择合适的卸扣。在卸扣本体上，也做有相应的标识。每只卸扣均应注明卸扣的级别代号（即 4、6 或 8）、极限工作载荷（如 WLL 10t）等标记。便于选择使用。

D 型卸扣尺寸（单位：mm）　　　　表 8-12

极限工作载荷 WLL/t			d /mm	D /mm	e /mm	S /mm	W /mm
4 级	6 级	8 级					
0.32	0.50	0.63	8	9	19.8	18	9
0.4	0.63	0.8	9	10	22	20	10
0.50	0.8	1	10	11.2	24.64	22.4	11.2
0.63	1	1.25	11.2	12.5	27.5	25	12.5
0.8	1.25	1.6	12.5	14	30.8	28	14

　　3）卸扣标记

卸扣 GB/T 25854- ×-× 　× 　××

识别字组————————————

采用本标准编号——————————

卸扣级别（4级、6级或8级）————

扣体型式 ————————

D:D形扣体

B:弓形扣体

卸扣销轴型式 ——————

W:带孔和台肩的螺纹销轴

X:六角头螺栓、六角螺母和开口销

Y:沉头和开槽螺钉

Z:其他型式（由制造商说明）

极限工作载荷 ——————

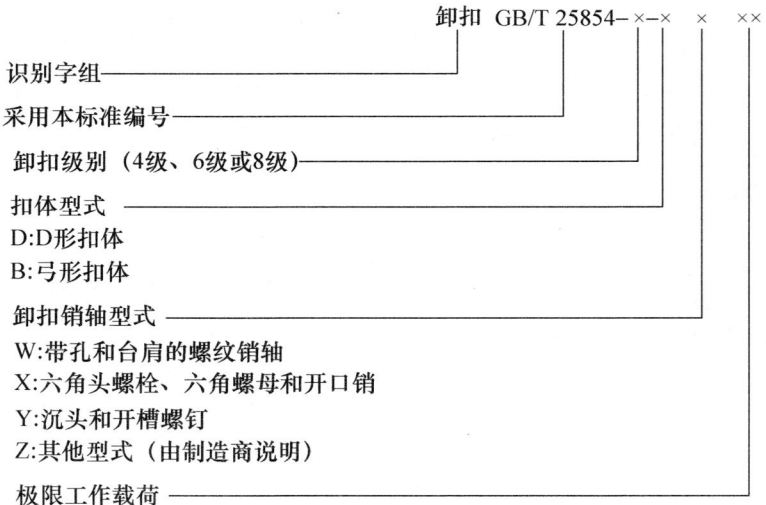

　　例如：配 W 型销轴、极限工作载荷为 20t 的 4 级 D 型卸扣应表示为：

　　卸扣 GB/T 25854—4-DW20

　　配 X 型销轴、极限工作载荷为 10t 的 8 级弓形卸扣应表示为：

卸扣 GB/T 25854—8-BX10

（4）吊钩

吊钩有单钩、双钩两种型式，见图 8-20。

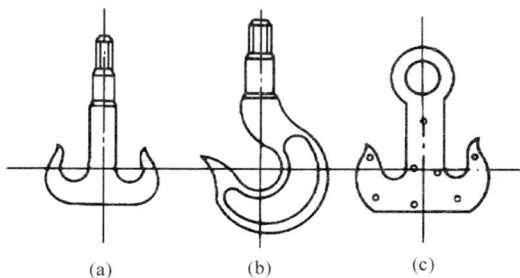

图 8-20　吊钩
（a）锻制双钩；（b）锻制单钩；（c）叠片式吊钩

1）单钩

这是一种比较常用的吊钩，它的构造简单，使用比较方便。吊钩用 Q345qD、Q420qD、34Cr2Ni2Mo、35CrMo 钢锻制而成，最大起重量一般不超过 80t。

2）双钩

双钩受力均匀对称，起重量较大的吊钩，多选用双钩。双钩用 Q345qD、Q420qD、30Cr2Ni2Mo、34Cr2Ni2Mo、35CrMo 钢锻造而成。通常大于 80t 的起重设备都采用双钩。

叠片式吊钩由切割成形的多片钢板铆接而成，并在吊钩口上装有护垫，这样可减少钢丝绳磨损，使载荷能均匀地传到每片钢板上。它具有制造方便的优点，且由于钩板不会同时断裂，故工作可靠性比整体锻造吊钩好，缺点是自重和尺寸较大。

（5）吊环与夹钳

1）吊环

吊环结构见图 8-21。吊环是环形封闭结

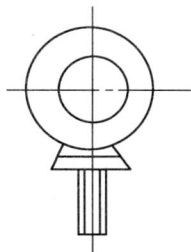

图 8-21　吊环

构，其受力情况比吊钩的受力情况好得多，因此，当起重量相同时，吊环的自重比吊钩的自重小。但是，当使用吊环起吊设备时，其索具只能用穿入的方法系在吊环上。因此，用吊环吊装不如吊钩方便。

吊环通常用在电动机、减速机上，在安装、维修时，作固定吊具使用。吊环的安全承载力可按吊环丝杆直径参照表8-13确定。

吊环安全承载力 表 8-13

丝杆直径	安全承载力/N	
d/mm	垂直吊重	夹角 60° 吊重
M12	1500	900
M16	3000	1800
M20	6000	3600
M22	9000	5400
M30	13000	8000
M36	24000	14000

2）夹钳

夹钳按夹紧力产生方式不同，可分为杠杆夹钳、偏心夹钳、他动夹钳三大类，见图 8-22。在杠杆夹钳中，夹紧力是由物体自主通过杠杆原理产生的。因此，当钳口距离保持不变时，夹紧力与货物自重成正比，从而能可靠地夹持住货物。偏心夹钳的夹紧力是由物体自重通过偏心块和物体间的自锁作用而产生的。他动夹钳的夹紧力是依靠外部的力，通过螺旋机构而产生的，与物体的重量和尺寸无关。

（6）起重吊梁

1）在起重吊装作业中，经常会遇到一些大型精密设备和超长构件。在吊装施工中，既要保持大型精密设备和超长构件平衡，又要保证其不产生变形和擦伤。因此，多采用起重吊梁进行起吊作业。

2）起重吊梁使用方便，安全可靠。它能承受由于吊索倾斜所产生的水平分力，减少起吊时设备（构件）所受的压力；同时，还可缩短吊索的长度，减少动滑轮的起吊高度；又能缩短捆

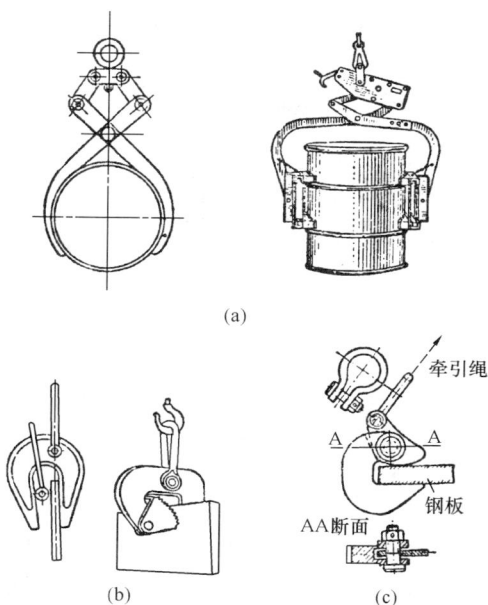

(a)

(b)   (c)

图 8-22 夹钳

（a）杠杆夹钳；（b）偏心夹钳；（c）他动夹钳

绑重物的时间。因此，在大型精密设备和超长构件吊装过程中，起重吊梁使用普遍。

3）起重吊梁有支撑式和扁担式两种，见图 8-23。

支撑式起重吊梁吊索较长，主要用于吊装形体较长的构件，也可用在特殊零、部件的高空翻转作业中。扁担式起重吊梁吊索较短，多用于吊装大型构件（如屋架等）。

4）起重吊梁的使用特点：

① 起重吊梁通常配合吊索同时作业，要保持吊索与起重吊梁的水平夹角不能过小，以避免水平分力过大，使梁发生变形。

② 吊索与起重吊梁的水平夹角，一般应在 40°～60°之间。

③ 吊索与起重吊梁的水平夹角较小时，应用卡环将挂在起重机吊钩上的两绳圈固定在一起，以防止其脱钩。

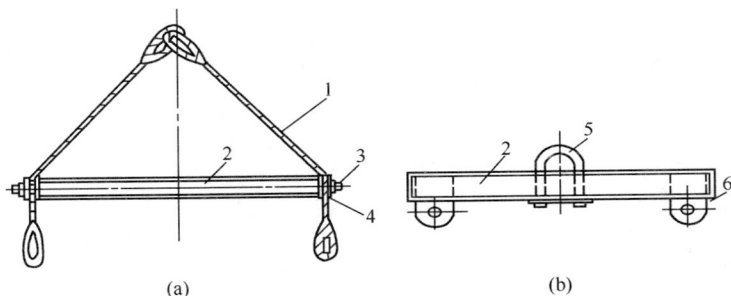

图 8-23　起重吊梁

（a）支撑式；（b）扁担式

1—吊索；2—横吊梁；3—螺母；4—压板；5—吊环；6—吊耳

2. 滑车、滑车组

（1）滑车

滑车，全称为起重滑车，一般是指由滑轮、滑轮轴、滑轮侧板、吊钩（吊环）和承重销轴组成的总成。滑车和滑车组是起重运输及吊装工作中常用的一种小型起重工具，常用它和卷扬机配合进行吊装、牵引设备或重物。由于滑车的体积小、重量轻、使用方便，并且能够用它来多次变向和吊装较大的重量，所以当施工现场狭窄或缺少其他起重机械时，常使用滑车或滑车组配合桅杆进行起重吊装作业。

1）滑车的分类

① 滑车按作用来分，可以分为定滑车、动滑车、导向滑车或平衡滑车。

② 滑车按使用用途，一般分为：通用起重滑车（代号：HQ），主要用于冶金、造船、码头、建筑起重等通用环境，包括吊钩（吊环、链环）型带滚针轴承（滑动轴承）开口（闭口）单门（双门、多门）式通用起重滑车；林业起重滑车（代号：HY），主要用于农林行业。

③ 滑车按顶端的固定方式，一般分为吊钩型滑车、吊环型滑车和链环型滑车。如图 8-24～图 8-26 所示。

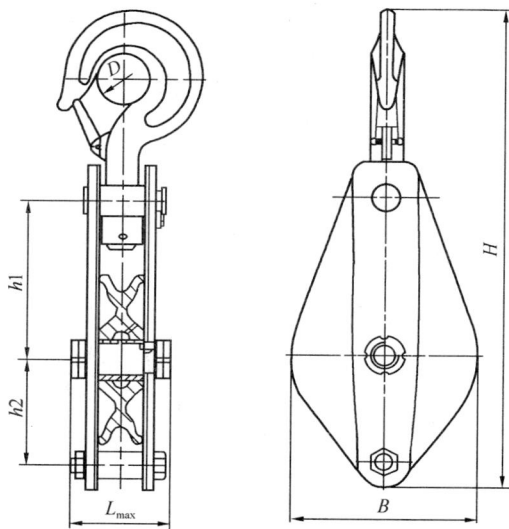

图 8-24　吊钩型单门滑车

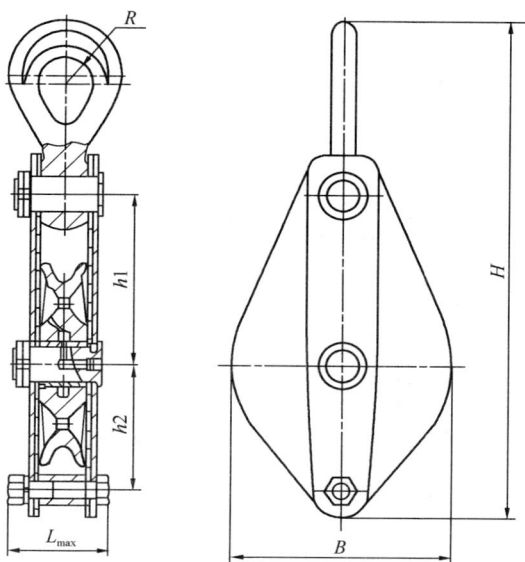

图 8-25　吊环型单门滑车

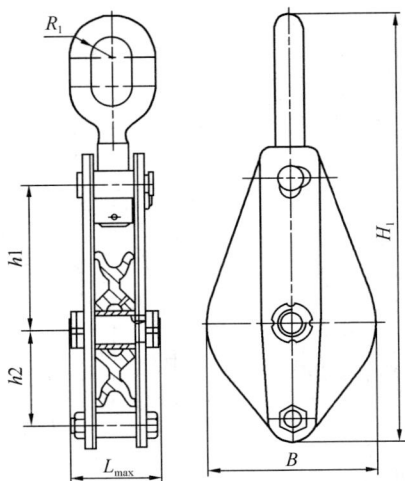

图 8-26　链环型单门滑车

④ 滑车按滑轮数量，可分为单门滑车、双门滑车、三门滑车直至十二门滑车。如图 8-27、图 8-28 所示。

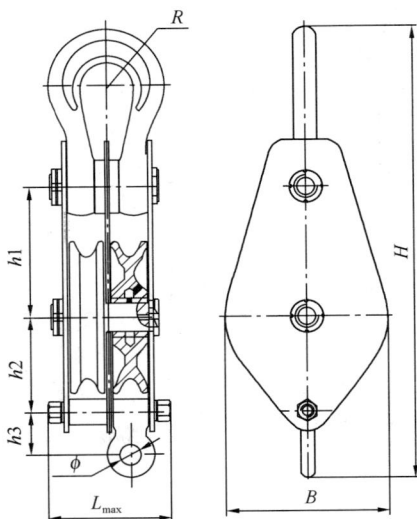

图 8-27　双门滑车

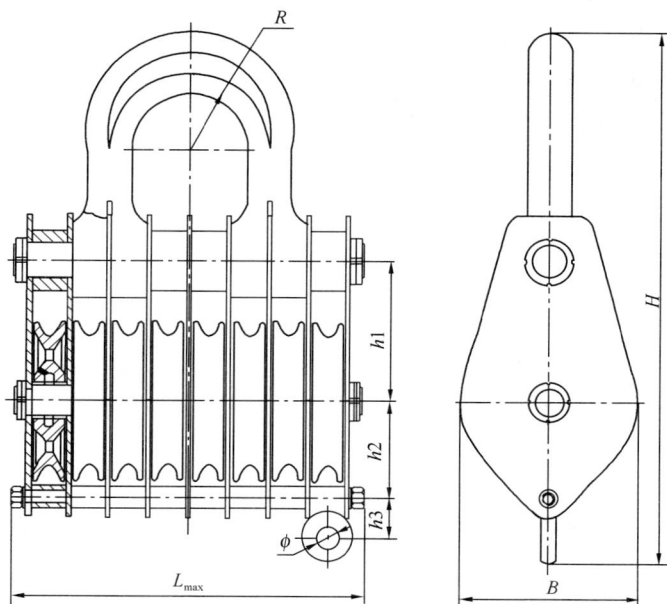

图 8-28 多门滑车

2）滑车型号表示方法

滑车型号表示方法如下：

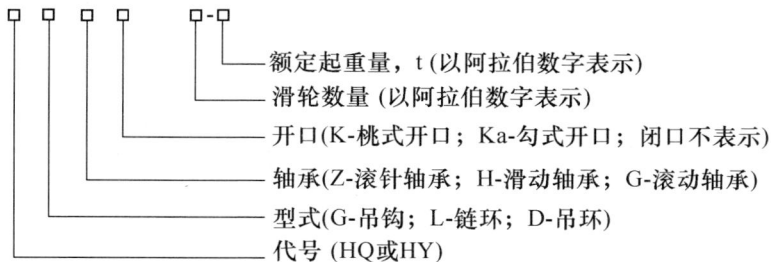

额定起重量，t (以阿拉伯数字表示)
滑轮数量 (以阿拉伯数字表示)
开口(K-桃式开口；Ka-勾式开口；闭口不表示)
轴承(Z-滚针轴承；H-滑动轴承；G-滚动轴承)
型式(G-吊钩；L-链环；D-吊环)
代号 (HQ或HY)

示例 1：吊钩型带滚针轴承桃式开口单门，额定起重量为 2t 的通用起重滑车标记为 HQGZK1-2。

示例 2：链环型带滑动轴承桃式开口双门，额定起重量为

3.2t 的通用起重滑车标记为 HQLHK2-3.2。

示例 3：吊环型带滑动轴承闭口三门，额定起重量为 5t 的通用起重滑车标记为 HQDH3-5。

示例 4：链环型带滚针轴承钩式开口单门，额定起重量为 10t 的林业起重滑车标记为 HYLGKa1-10。

3）滑车的基本参数（见表 8-14）

4）滑车的作用

作为定滑车、导向滑车或平衡滑车使用的滑车，其滑车中的滑轮就是定滑轮；作为动滑车使用的滑车，其滑车中的滑轮就是动滑轮。定滑轮只能改变拉力的方向，不能减少拉力；动滑轮能减少拉力，但不能改变拉力的方向。

① 定滑轮

安装在固定位置轴上的滑轮叫做定滑轮，见图 8-29。

在起重作业中，定滑轮用来支持绳索（钢丝绳、白棕绳等）运动，改变力的方向，通常作为导向滑轮和平衡滑轮使用。

② 动滑轮

安装在运动轴上能和被牵引的重物一起升降或移动的滑轮叫动滑轮。动滑轮按其用途可以分为省力动滑轮和省时动滑轮（又叫增速动滑轮）两种。图 8-30 是动滑轮的示意图，图 8-31、图 8-32 分别为省力动滑轮和省时动滑轮的示意图。

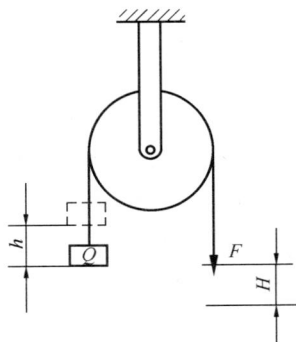

图 8-29　定滑轮

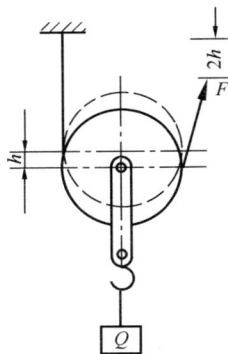

图 8-30　动滑轮

表8-14

HQ系列滑车（通用起重滑车）的基本参数

滑轮直径 (mm)	额定起重量（t）滑轮数量																					钢丝绳直径范围 (mm)
	0.3	0.5	1	2	3.2	5	8	10	16	20	32	50	80	100	160	200	250	320	500	750	1000	
63	1	—	—	—	—	—	—	—	—	—	—	—	—	—	—	—	—	—	—	—	—	6.2
71	—	1	2	—	—	—	—	—	—	—	—	—	—	—	—	—	—	—	—	—	—	6.2~7.7
85	—	—	1	2	3	—	—	—	—	—	—	—	—	—	—	—	—	—	—	—	—	7.7~11
112	—	—	—	1	2	3	4	—	—	—	—	—	—	—	—	—	—	—	—	—	—	11~14
132	—	—	—	—	1	2	3	4	—	—	—	—	—	—	—	—	—	—	—	—	—	12.5~15.5
160	—	—	—	—	—	1	2	3	4	5	6	—	—	—	—	—	—	—	—	—	—	15.5~18.5
180	—	—	—	—	—	—	1	2	3	4	5	6	—	—	—	—	—	—	—	—	—	17~20
210	—	—	—	—	—	—	—	1	2	3	4	5	—	—	—	—	—	—	—	—	—	20~23
240	—	—	—	—	—	—	—	—	1	2	3	4	—	—	—	—	—	—	—	—	—	23~24.5
280	—	—	—	—	—	—	—	—	—	1	2	3	8	—	—	—	—	—	—	—	—	26~28
315	—	—	—	—	—	—	—	—	—	—	1	2	6	8	10	—	—	—	—	—	—	28~31
355	—	—	—	—	—	—	—	—	—	—	—	1	5	6	8	10	—	—	—	—	—	31~35
400	—	—	—	—	—	—	—	—	—	—	—	—	—	—	6	8	10	—	—	—	—	34~38
450	—	—	—	—	—	—	—	—	—	—	—	—	—	—	—	—	8	10	—	—	—	40~43
500	—	—	—	—	—	—	—	—	—	—	—	—	—	—	—	—	—	8	10	—	—	47~50
500<~800	—	—	—	—	—	—	—	—	—	—	—	—	—	—	—	—	—	—	10	12	—	47~50
800<~1246	—	—	—	—	—	—	—	—	—	—	—	—	—	—	—	—	—	—	—	—	16	47~50

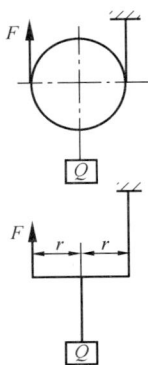

图 8-31 省力
动滑轮

a. 省力动滑轮

省力滑轮可以用较小的拉力 F 来吊起较重的设备，其省力的原理是：设备的重量 Q 同时被两根绳索分担着，每根绳索上所分担的力只有设备重量 Q 的一半。即式（8-4）

$$Qh = F \times 2h \qquad (8\text{-}4)$$

$$F = Q/2$$

式中　Q——设备的重量（N）；

　　　F——拉力（N）。

以上计算没有考虑滑轮的摩擦阻力等因素，实际上由于滑轮在运动时有摩擦力存在，因此，所用的拉力总是大于被吊重物重量的一半。

b. 省时动滑轮

拉力 F 不是作用在绳索上，而是作用于动滑轮上，当动滑轮提升 1m 距离时，重物上升 2m，重物上升的速度为滑轮上升速度的两倍，如图 8-32 所示。被吊重物的速度虽然增加了，但是作用于动滑轮上的拉力也同样增加了。所以省时滑轮又叫费力滑轮，在起重作业中很少采用，它一般用于起重机械上。

③ 导向滑轮

导向滑轮的作用类似于定滑轮，既不省力，也不能改变速度。通常仅用它来改变被牵引设备的运动方向，在安装工地或牵引设备时用得较多，导向滑轮的受力计算见图 8-33，其计算公式为式（8-5）：

$$F = F_1 Z \qquad (8\text{-}5)$$

式中　F——导向滑轮所受的力（N）；

　　　F_1——牵引绳的拉力（N）；

　　　Z——角度因数，见表 8-15。

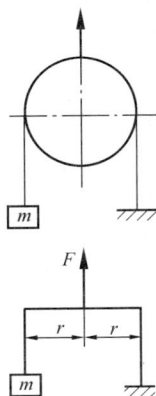

图 8-32　省时
动滑轮

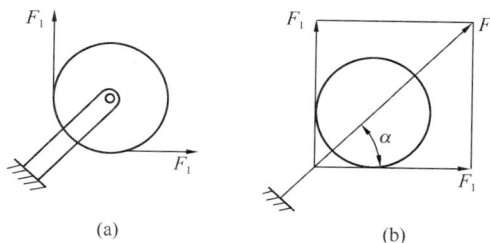

图 8-33　导向滑车

（a）导向滑轮；（b）受力图

角度因数 Z　　　　表 8-15

α (°)	0	15	22.5	30	45	60
Z	2	1.94	1.84	1.73	1.41	1

（2）滑车组

滑车组由定滑车、动滑车以及穿绕过它们的绳索组成。滑车组的重要特性是倍率（即速比或工作线数），用它表示滑车组的减速（或省力）的程度。倍率通常以跑绳的速度和重物起升速度的比值来表示，即跑绳所走的距离与重物上升距离之比。

如图 8-34 所示，滑车组跑绳所走的距离是重物上升距离的 4 倍，所以该滑车组的倍率为 4。滑车组的倍率也可用动滑轮与定滑轮之间绳的分支数（从定滑轮引出的跑绳不计入分支数）除以跑绳的个数进行计算。

1）滑车组的作用

在起吊重物时，如果只使用定滑车，只能改变力的方向，不能起到省力的作用；只使用动滑车能起到省力的作用，但力的方向没有改变。通常在起吊重物时，不仅要改

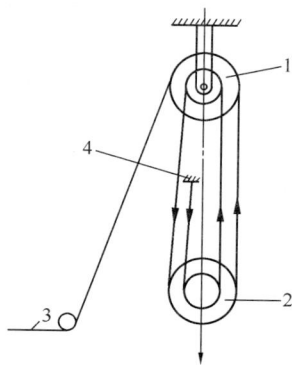

图 8-34　滑车组示意图

1—定滑车；2—导向滑车；

3—跑绳；4—绳端固定

115

变力的方向，而且还要省力，仅使用定滑车或动滑车均不能解决问题，最简单的方法是把定滑车和动滑车串联在一起组成滑车组。滑车组具有定滑车和动滑车的所有优点，既能省力，又能改变力的方向。而且由多门滑车组成的滑车组，可以达到用较小的力起吊较重物体的目的。因此在起重吊装重型或大型设备时，多使用滑车组来实现用较小的拉力起吊较重的重物的目的。

2）滑车组的计算

用滑车组起吊重物，跑绳（引向卷扬机的绳索）所需的拉力 F，可由以下计算公式（8-6）求出：

$$F = Q\alpha \tag{8-6}$$

式中　F——跑绳拉力（N）；

　　　Q——重物重量（N）；

　　　α——综合系数。综合系数根据工作绳数和导向滑轮的个数来选择，其数值见表 8-16。

综合系数 α　　　　　　　　　　　　　　　　　　表 8-16

工作绳索数	滑轮个数（定、动滑轮合计）	导向滑轮个数						
		0	1	2	3	4	5	6
1	0	1.000	1.040	1.082	1.125	1.170	1.217	1.265
2	1	0.507	0.527	0.549	0.571	0.594	0.617	0.642
3	2	0.346	0.360	0.375	0.390	0.405	0.421	0.438
4	3	0.265	0.270	0.287	0.298	0.310	0.323	0.335
5	4	0.215	0.225	0.234	0.243	0.253	0.263	0.274
6	5	0.187	0.191	0.199	0.207	0.215	0.224	0.330
7	6	0.160	0.165	0.173	0.180	0.187	0.195	0.203
8	7	0.143	0.149	0.155	0.161	0.167	0.174	0.181
9	8	0.129	0.134	0.140	0.145	0.151	0.157	0.163
10	9	0.119	0.124	0.129	0.134	0.139	0.145	0.151
11	10	0.110	0.114	0.119	0.124	0.129	0.134	0.139
12	11	0.102	0.106	0.111	0.115	0.119	0.124	0.129
13	12	0.096	0.099	0.104	0.108	0.112	0.117	0.121
14	13	0.091	0.094	0.098	0.102	0.106	0.111	0.115
15	14	0.087	0.086	0.090	0.095	0.099	0.102	0.108
16	15	0.084	0.072	0.075	0.080	0.088	0.094	0.104

例1：用滑车组起吊一台设备，这台设备的重量为30000N，滑车组的工作绳数为6根，并带有3个导向滑车，见图8-35。求跑绳的拉力。

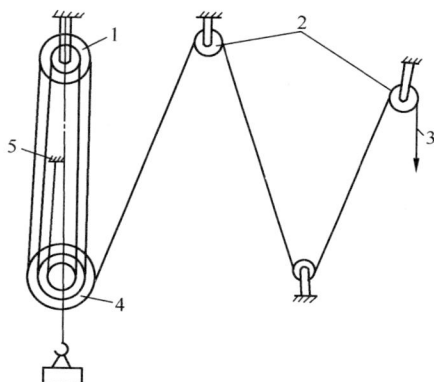

图 8-35　跑绳拉力示意图
1—定滑车；2—导向滑车；3—跑绳；
4—动滑车；5—固定点

解：由表 8-16 中查得，当工作绳数为 6 根，带有 3 个导向滑轮时，综合系数 α 为 0.207，跑绳的拉力 $F = Q_\alpha = 30000 \times 0.207 = 6210N$

3）滑车组起重钢丝绳的长度计算

起重钢丝绳的长度用下列公式（8-7）进行计算：

$$L = n(h + 3d) + I + 10 \qquad (8\text{-}7)$$

式中　L——钢丝绳长度（m）；

　　　d——滑轮直径（m）；

　　　I——定滑车至卷扬机之间的距离（m）；

　　　n——工作绳数；

　　　h——提升高度（m）。

例2：某安装工地吊中型设备，需设置一套滑车组，工作绳为6根，滑轮直径为500mm，定滑车到卷扬机之间的距离为

10m。求所需用的钢丝绳长度。

解：已知滑轮直径 $d=500\text{mm}=0.5\text{m}$，定滑车至卷扬机之间的距离 $I=10\text{m}$，提升高度 $h=8\text{m}$，工作绳数 $n=6$，所需钢丝绳的长度为：

$$L=n(h+3d)+I+10$$
$$=6\times(8+3\times0.5)+10+10$$
$$=77\text{m}$$

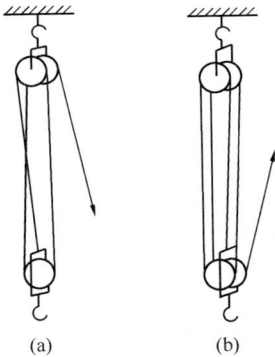

图 8-36 滑车组的连接

4）滑车组的连接方法

滑车组的连接方法见图 8-36。常见有单绳、双绳、三绳、……、十绳。但在大型设备的吊装中，也经常使用十~十六绳。滑车组的效率随着绳数的增多而降低。同样滑车组在提升重物时所需的拉力并不随着绳数的增加而成倍降低。所以，当滑车组的门数增加过多时，对滑车组的工作是不利的。由于阻力的存在，所以靠近跑绳处的受力较大，而靠近死头处的受力较小，绳索各分支的拉力相差很大，滑车会产生歪扭现象。同时当滑车组的门数多到一定数量时，由于摩擦力的增加，重物下滑时产生的摩擦力会大于重物的重力，致使重物不能自由下滑，发生自锁现象。

5）滑车组钢丝绳的穿绕方法

滑车组中钢丝绳的穿绕，是一项非常重要而又复杂的工作。如穿绕不当，易使钢丝过度弯曲，加速钢丝绳的磨损。特别是当滑车组门数较多时，若穿绕不当，会使上下滑车产生歪扭，甚至使重物下降时产生自锁现象。有时由于钢丝绳传力不畅，会使滑车组中的钢丝绳产生局部松弛，导致起吊钢丝绳断裂而造成事故。起重滑车组钢丝绳的穿绕方法可以分为顺穿法和花穿法两种。

顺穿法是一种比较简单的穿绕方法。根据现场拥有的卷扬机台数，可以采用单跑头顺穿法或双跑头顺穿法。

① 单跑头顺穿法

该方法是将绳索的一个头从边上第一个滑车开始，按顺序绕过定滑车和动滑车，而将死头固定在末端定滑车的架子上，见图 8-37。这种方法常用在滑车组门数较少的情况下，如五门以下的滑车组。从钢丝绳的拉力分析可以看出，在起吊重物时，拉力 F_0 最大，而死端 F_8 最小，每根绳索分支的受力都不相同，即 $F_0 > F_1 > \cdots\cdots > F_8$。因此滑车组常常出现歪斜现象。滑车工作时不平衡，对起吊重物的安全与定位都不利，为避免上面的不利因素，在工作中常采用双跑头顺穿法。

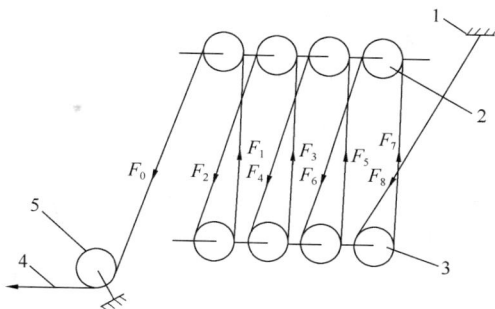

图 8-37　单跑头顺穿法

1—死头；2—定滑车；3—动滑车；4—跑绳；5—导向滑车

② 双跑头顺穿法

其方法是指滑车组同时有两根跑绳，并从定滑车的中间轮开始，同时向两边按顺序穿绕的一种方法。双跑头顺穿法的优点除了可以避免滑车架的歪斜以外，还可以减少滑车的运转阻力，加快起吊速度。图 8-38 是双跑头顺穿法的滑车组，它的定滑车的个数一般采用奇数，比动滑车多一个滑车，并以中间一个滑车作平衡轮。如果两台卷扬机的卷扬线速度相同，则两根跑绳的拉力是平衡的，此时在两台卷扬机的卷扬线速度相同的情况下，对应

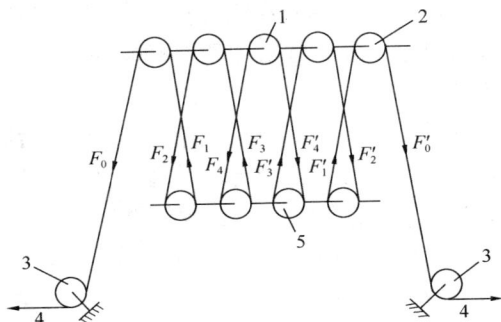

图 8-38 双跑头顺穿法
1—平衡轮;2—定滑车;3—导向滑车;4—跑绳;5—动滑车

的钢丝绳分支拉力都相等,即 $F_0 = F'_0$、$F_1 = F'_1$、$F_2 = F'_2$、$F_3 = F'_3$、$F_4 = F'_4$,所以滑车组不会产生歪扭的现象。这种穿绕法的缺点是要求两台卷扬机的卷扬线速度要相等。

3. 手拉葫芦

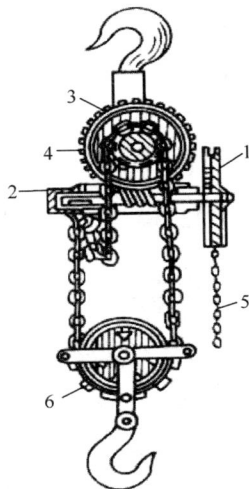

图 8-39 手拉葫芦
1—链轮;2—蜗杆;3—蜗轮;
4—蜗轮轴;5—手拉链条;
6—动滑车

手拉葫芦俗名链条滑车、倒链,是一种构造简单、携带方便、操作容易、适用范围广的起重机械。其通常只要1~2人即可将重物吊运到所需要的地方,适用于小型设备和构件短距离吊装或运输,也可用在大型设备吊装中对桅杆缆风绳进行拉紧调节。手拉葫芦的起重力一般不超过10t,最大可达20t,起升高度一般不超过6m。它分为蜗轮滑轮和齿轮滑轮两种。手拉葫芦由链轮及传动机构、手拉链条、起重链、上下吊钩等部分吊钩组成,见图8-39。

HS型手拉葫芦技术性能及规格见表8-17。

HS 型手拉葫芦技术性能及规格

表 8-17

型号	HS0.5	HS1	HS1.5	HS2	HS2.5
起重量/t	0.5	1	1.5	2	2.5
标准起升高度/m	2.5	2.5	2.5	2.5	2.5
满载链拉力/N	195	310	350	320	390
净重/N	70	100	150	140	250
型号	HS3	HS5	HS10	HS15	HS20
起重量/t	3	5	10	15	20
起升高度/m	3	3	3	3	3
满载链拉力/N	350	390	400	415	400
净重/N	240	360	680	1050	1500

4. 电动葫芦

电动葫芦是一种体积小、重量轻、价格低廉、使用方便的轻小型起重设备。重物的起升由电力驱动，比手动葫芦更省力、省时。它可安装在起重机上或直的、带曲线运动的单轨悬挂工字梁或 H 型钢上吊运重物，也可直接将葫芦安装在固定支架上，作垂直的卷扬起吊用。

电动葫芦按其结构不同，可分为环链式电动葫芦和钢丝绳式电动葫芦。

（1）环链式电动葫芦的结构和工作原理

环链式电动葫芦是用环状焊接链与吊钩连接作起吊索具之用；环链式电动葫芦重物的起升高度较低，它广泛应用于低矮厂房或露天环境。图 8-40 为环链式电动葫芦在工字梁上的安装形式。环链式电动葫芦由起升机构、运行机构和电气控制装置等几部分组成。

1）起升机构

葫芦的起升机构是由起升电动机、减速机构、链条提升机构、上下吊钩装置和集链箱等组成。起升电动机采用电动机与制动器组成一体的锥形转子制动电动机，其体积小，制动可靠。

2）运行机构

环链式电动葫芦在悬空工字梁上的运行方法有三种：手推小车式、手拉链式和电动式。手推小车式环链葫芦结构简单，使用

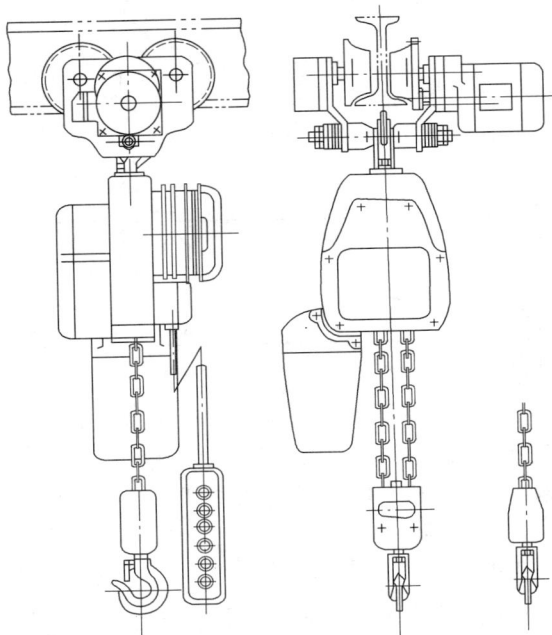

图 8-40　电动小车式环链电动葫芦

简便，应用较普遍；手拉链式环链葫芦由链条、链轮、齿轮等组成，拽动链条，葫芦即可在工字梁上移动；电动运行式环链葫芦由电动机驱动葫芦运行，运行平稳、速度快，使用效率高。

（2）钢丝绳式电动葫芦的结构原理

钢丝绳式电动葫芦有 CD 型、MD 型、AS 型、QH 型等。目前常用的是 CD 型（外形见图 8-41）、MD 型，它在工字梁上的安装方式可以是固定的，也可以悬空挂在工字梁上作水平移动。固定方式可根据各种不同的使用场合进行选择。

5. 千斤顶

千斤顶是起重作业中常用的起重设备，它构造简单，使用轻便，工作时无振动与冲击，能保证把重物准确地停在一定的高度。它顶升重物时不需要电源、绳索、链条等，常用它作重物的

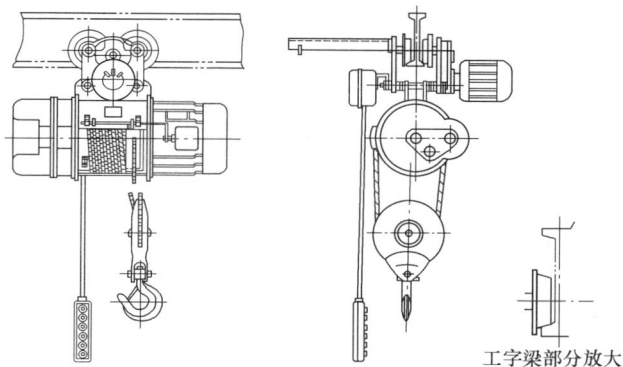

图 8-41 CD 型钢丝绳式电动葫芦

短距离起升或在设备安装时用于校正位置。

千斤顶按照其结构型式和工作原理的不同，可分为齿条式千斤顶、螺旋式千斤顶和油压式千斤顶。

（1）齿条式千斤顶

齿条式千斤顶是利用齿条的顶端顶起高处的重物，也可以利用齿条的下脚顶起下处的重物。它由金属外壳和装在外壳内的齿轮、齿条、棘爪及棘轮等组成，其结构见图 8-42。齿条式千斤顶

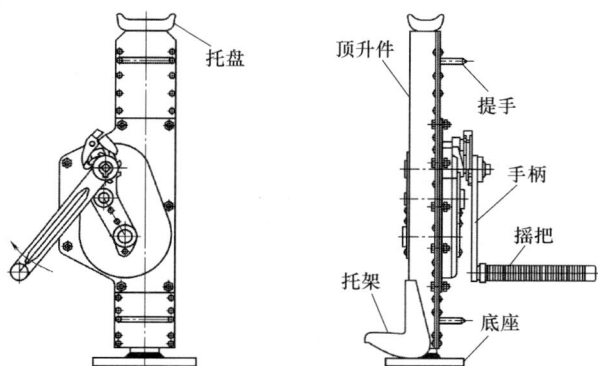

图 8-42 齿条式千斤顶

主要用于矿山、桥梁、铁路、建筑等行业。主要参数见表8-18。

千斤顶的基本参数 表 8-18

额定起重量 G_n /t	额定辅助起重量 G_f /t	行程 H /mm	手柄(扳手)力 /N
1.6	1.6	350	280
3.2	3.2	350	280
5	5	300	280
10	10	300	560
16	11.2	320	640
20	14	320	640

（2）螺旋式千斤顶

螺旋式千斤顶常用的有普通型螺旋千斤顶、剪式螺旋千斤顶等。

普通型螺旋千斤顶又称为 LQ 型固定式螺旋千斤顶，为锥齿轮式螺旋千斤顶，其结构见图 8-43。

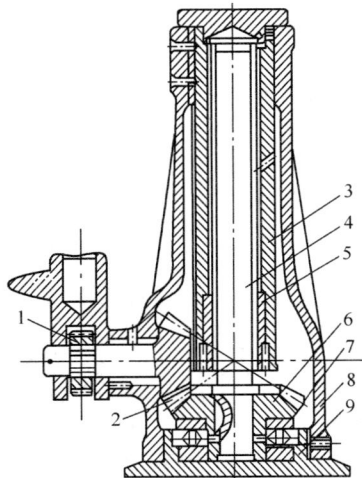

图 8-43 普通型螺旋千斤顶
1—棘轮组；2—小锥齿轮；3—套筒；4—螺杆；
5—螺母；6—大锥齿轮；7—轴承；8—主架；9—底座

这种螺旋式千斤顶的起重量为 0.5～100t，顶升高度可达 250～400mm。螺旋式千斤顶与齿条式千斤顶相比，具有使用方便、操作省力和上升速度快等优点。

（3）液压式千斤顶

液压式千斤顶又称为油压千斤顶，是起重工作中用得较多的一种小型起重设备，常用来顶升较重的重物，它的起重高度为 10～25cm，起重量为 2～500t 以上。液压式千斤顶工作平稳、安全可靠、操作简单省力。

液压式千斤顶的结构及工作原理：液压式千斤顶（图 8-44）主要由工作液压泵缸、起重活塞、柱塞泵、手柄等几个部分组成。

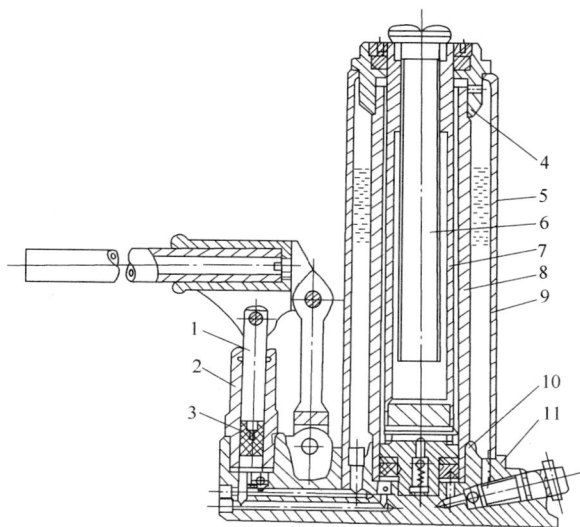

图 8-44　液压式千斤顶

1—液压泵芯；2—液压泵缸；3—液压泵胶碗；4—顶帽；5—工作油；

6—调整螺杆；7—活塞杆；8—活塞缸；9—外套；10—活塞胶碗；11—底盘

使用时，先将手柄开槽的一端套入开关，并按顺时针方向将开关拧紧，然后将手柄插入撬手孔内作上、下撬动。随着手柄的上、下揿动，液压泵芯也随之上、下运动。当液压泵芯向上运动时，工作液（机械油）通过单向阀门被吸入液压泵体；当液压泵芯向下运动时，被吸入液压泵体内的工作液即被压出，通过另一个单向阀进入活塞胶碗的底部，活塞杆即被顶起。当活塞上升到额定高度时，由于限位装置的作用，活塞杆不再上升。在需要降落时，仍用手柄开槽的一端套入开关，作逆时针转动，单向阀即被松开。此时活塞缸内的工作液就通过单向阀流回外壳内，活塞杆即渐渐下降。

随着制造水平的提高，液压千斤顶得到了长足发展，根据实际需要，逐步演变出各式各样的液压式千斤顶。下面介绍几种常用的类型。

1）爪式千斤顶

爪式千斤顶又称为附爪式千斤顶、鸭嘴式液压千斤顶、爪式起顶机，其具有顶起重物和从下部提起重物的双重功能，克服了液压千斤顶因高度而产生的使用限制，扩大了液压千斤顶的适用范围。如图 8-45 所示。

图 8-45　爪式千斤顶

2）薄型千斤顶

薄型千斤顶的起重量为 5～150t，起重高度为 6～64mm，最大工作压力为 70MPa。它采用手动液压泵和千斤顶分离设计，利用高压软管连接的方式，可实现远距离操作。薄型千斤顶产品的优点是体积小、重量轻、携带方便、起重量大、操作简单。薄型千斤顶采用优质合金钢制造，经久耐用，产品表面为烤漆处理，耐腐蚀能力更强，另配有快速接头与防尘帽，可减少污染，延长使用寿命，还配有弹簧复位功能，见图8-46。

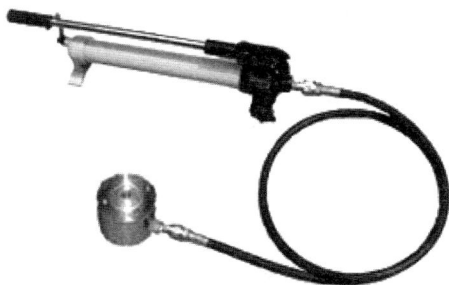

图 8-46　薄型千斤顶

3）电动大吨位单作用（单动式）千斤顶

电动大吨位单作用（单动式）千斤顶采用分离设计，由高压胶管、液压泵站、分配阀、单作用千斤顶组合成一个系统，可由一台泵站通过分配阀带动多台千斤顶，见图8-47。电动大吨位单作用（单动式）千斤顶起重量大，可实现多台千斤顶同步起升，可广泛应用于重型、大体积设备的起升、就位作业。

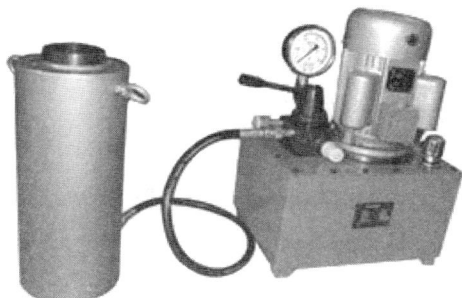

图 8-47　电动大吨位单作用（单动式）千斤顶

6. 电动卷扬机

（1）电动卷扬机的型式与特征

1）电动卷扬机是用电力来驱动的一种常用起重机具，它具有起重能力大、速度快、结构紧凑、体积小、操作方便安全等优点，是起重作业中广泛使用的一种牵引设备。

2）它按型式分为单卷筒卷扬机、双卷筒卷扬机；按速度和是否有溜放功能等特征，分为快速、慢速和溜放三类。

（2）型号表示方法

卷扬机的型号由型式、类组、特征、主参数及变型代号组成。

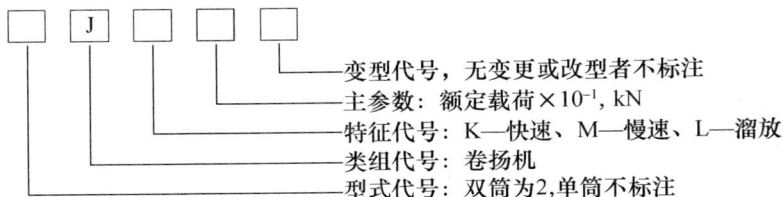

型式代号：双筒为2，单筒不标注
类组代号：卷扬机
特征代号：K—快速、M—慢速、L—溜放
主参数：额定载荷×10⁻¹，kN
变型代号，无变更或改型者不标注

示例1：额定荷载为20kN的单筒快速卷扬机，其型号为：建筑卷扬机 JK2 GB/T 1955；

示例2：额定荷载为50kN的双筒慢速卷扬机，其型号为：建筑卷扬机 2JM5 GB/T 1955。

（3）电动卷扬机的主参数

电动卷扬机的主参数为额定载荷（单位：kN），主参数系列有 5、7.5、10、12.5、16、20、25、32、40、50、63、80、100、125、160、200、250、320、400、500、630、800、1000、1250、1600、2000、2500。

常见电动卷扬机技术规格见表 8-19。

（4）电动卷扬机的组成

电动卷扬机主要由卷筒、减速器、电动机和控制器等组成，见图 8-48。

电动卷扬机技术规格

表 8-19

类型	起重能力/t	卷筒直径/mm	卷筒长度/mm	平均绳速/(m/min)	容绳量/m	绳径/mm	外形尺寸 长×宽×高/(mm×mm×mm)	电机功率/kW	总重/t
单筒	1	200	350	36	200	12.5	1390×1375×800	7	1
单筒	3	340	500	7	110	12.5	1570×1460×1020	7.5	1.1
单筒	5	400	840	8.7	190	21	2033×1800×1037	11	1.9
双筒	3	350	500	27.5	300	16	1880×2795×1258	28	4.5
双筒	5	220	600	32	500	22	2497×3096×1389.5	40	5.4
单筒	7	800	1050	6	600	31	3190×2553×1690	20	6.0
单筒	10	750	1312	6.5	1000	31	3839×2305×1793	22	9.5
单筒	20	850	1321	10	600	42	3820×3360×2085	55	14.6

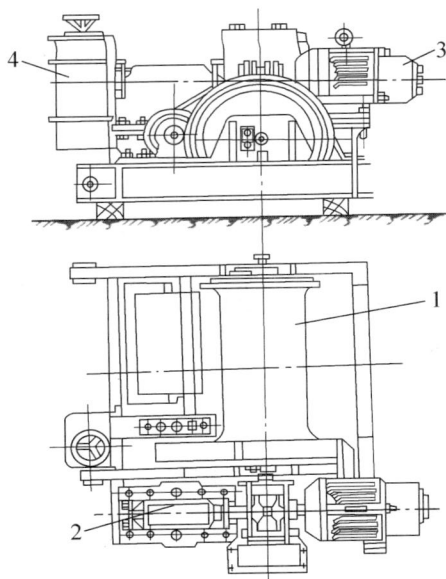

图 8-48　电动卷扬机

1—卷筒；2—减速器；3—电动机；4—控制器

第三节　起重机具的选择和应用

1. 绳索、千斤绳的使用要求与简单受力计算

1）作吊索用的钢丝绳有 $6×37$ 和 $6×61$ 两种，这两种规格的钢丝绳强度高，又比较柔软、捆绑方便。使用频繁的大直径吊索通常用 $6×61$ 的钢丝绳成对加工。

2）用吊索时，要考虑拆除是否方便，会不会损坏吊索。在吊索与物体棱角间要加垫块，以免损坏钢丝绳。吊索要挂在合适的位置上，两端连接时，要用卸扣将物体吊正和捆牢。

3）用两根吊索吊物体时，可避免出现旋转状态。同时要求两根吊索不能并在一起使用。

4）使用多根吊索捆绑物体时，要在试吊过程中调整好各支绳，防止吊索由于长短不同而受力不均，导致事故的发生。

5）吊索的直径要根据物体的重量、吊索的根数及吊索与水平面的夹角大小来决定。夹角越大，吊索受力越小，抗旋转、摇摆能力越差；反之，夹角越小，受力越大，抗旋转、摇摆能力越好。同时水平分力还会产生较大的挤压力，见图8-49。因此，在起吊物体时，吊索

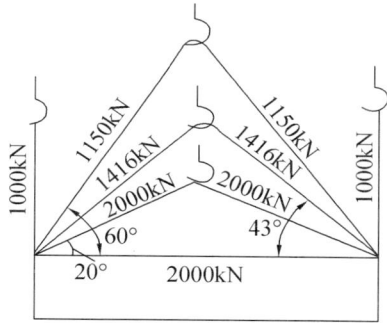

图 8-49　绳索拉力与夹角变化关系

最好是垂直的，吊装吊索的水平夹角不应小于30°，通常在45°～60°比较合适，这样能减小吊索的拉力。

6）吊索承受的拉力（见图8-50）按下式（8-8）进行计算：

$$S = Q/n \times 1/\sin\beta \qquad (8-8)$$

式中　S——一根吊索承受的拉力（kN）；

　　　Q——物体的重量（kN）；

　　　β——吊索与水平面的夹角；

　　　n——吊索的根数。

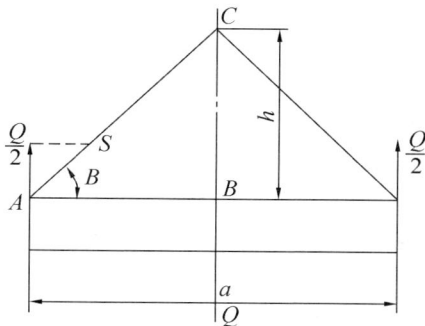

图 8-50　绳索受力图

吊索上受力大小与绑扎方法有关。按上面计算，吊索绑扎越平缓（即 β 越小），则吊索受力就越大。可根据求得的 S 值来选取吊索的直径。

2. 绳夹的计算知识

在起重工作中，绳夹主要用于吊索末端联接时的固接。通过绳夹螺栓的拧紧，使钢丝绳间紧密接触，产生钢丝绳间的摩擦。如果钢丝绳间的摩擦力 $S_{摩}$ 的大小足以和钢丝绳所受拉力 S 平衡，则绳就不会发生串移，从而达到固接的目的。

摩擦力 $S_{摩}$ 的大小决定于绳夹螺栓拧紧时产生的压力及钢丝绳绳之间的摩擦程度（即摩擦系数），见式（8-9）。

$$N = 0.5\pi d^2 [\sigma] \tag{8-9}$$

式中　N——一个绳夹产生的压紧力（N）；

　　　d——绳夹 U 形体直径（mm）；

　　　$[\sigma]$——绳夹材料的许用力，对 Q235 钢取 140N/mm^2。

所以，绳夹拧紧时产生的摩擦力见式（8-10）：

$$S' = f_1 N = 0.5\pi d^2 f_1 [\sigma] \tag{8-10}$$

式中　f_1——钢丝绳间的摩擦系数，$f_1 = 0.25$；

　　　S'——一个绳夹产生的摩擦力（N）。

如果用 n 个绳夹，则总摩擦力为：

$$S_{摩} = 0.5n\pi d^2 f_1 [\sigma] \geqslant S$$

从而导出所需绳夹个数见式（8-11）：

$$n = 2S/(\pi d^2 f_1 [\sigma]) \tag{8-11}$$

式中　n——所需绳夹数（个）；

　　　S——绳所受的最大拉伸力（N）；

　　　f_1——钢丝绳间的摩擦系数，$f_1 = 0.25$；

　　　d——U 形体直径（mm）；

　　　$[\sigma]$——U 形体材料的许用拉力，Q235 钢取 140N/mm^2。

例：已知一拖拉绳拉力为 210000N，直径 $\phi39\text{mm}$，需要穿过桅杆顶端的耳环，用绳夹扣固定，绳夹螺丝直径为 M24，问最少需要几个绳夹？

解：根据公式：

$$n = 2S/(\pi d^2 f_1[\sigma]) = 2 \times 210000/(3.14 \times 24^2 \times 0.25 \times 140)$$
$$= 6.63 \text{ 个}$$

所以绳夹需要 7 个。

3. 卸扣允许荷重估算

卸扣允许荷重估算公式见式（8-12）：

$$Q = 6d^2 \tag{8-12}$$

式中　Q——许用荷载（N）；

　　　d——卸扣弯曲部分直径（mm）。

这里需要强调，这只是一个估算，仅可作为参考。

第四节　起重吊运指挥信号

指挥信号是起重作业的特殊安全语言，认识与使用起重指挥信号是起重安全作业的重要内容。指挥信号是起重作业中，起重指挥人员与起重机驾驶员、起重司索工联系的一种通用语言，它是起重运输工作中的指挥命令。起重指挥在指挥吊装运输时，应该站在适当的位置，既要看清起吊物体的运动情况，又要使起重机驾驶员看清自己的指挥信号，同时要留有充分的余地，以防物体移动时发生碰、撞而致伤。

目前我国制定了《起重机 手势信号》GB/T 5082—2019，用以规定起重机吊运操作的手势信号，从 2020 年 7 月 1 日起实施。

新规范只保留、修改了手势信号，取消了音响信号、旗语信号、信号的配合使用等内容。以下内容摘自《起重机手势信号》GB/T 5082—2019：

1. 术语和定义

ISO 4306-1 界定的以及下列术语和定义适用于本文件。

结束指令：卸载后，长久或临时性停止指令。

回转：起重机基座静止，荷载绕轴水平运动。

运行：起重机的整机（汽车式和轮式）移动。

2. 手势信号的要求

（1）总则

手势信号应符合下列要求：

1）手势信号应合理使用，并被起重机操作人员完全理解；

2）手势信号应清晰、简洁，以防止误解；

3）非特殊的单臂信号可以使用任何一只手臂表示（特殊信号可以用一只左手或右手表示）；

4）指挥人员应遵循以下规定：

① 处于安全位置；

② 应被操作人员清楚看见；

③ 便于清晰观察载荷或设备。

5）操作人员接收的手势信号只能由一个人给出，紧急停止信号除外；

6）必要时，信号可以组合使用。

（2）通用手势信号

1）操作开始（准备）

手心打开、朝上，水平伸直双臂，如图 1 所示。

2）停止（正常停止）

单只手臂，手心朝下，从胸前至一侧水平摆动手臂，如图 2 所示。

图 1

图 2

3）紧急停止（快速停止）

两只手臂，手心朝下，从胸前至两侧水平摆动手臂，如图3所示。

4）结束指令

胸前紧扣双手，如图4所示。

图3   图4

5）平稳或精确地减速

掌心对扣，环形互搓，如图5所示。这个信号发出后应配合发出其他的手势信号。

（3）垂直运动

1）指示垂直距离

将伸出的双臂保持在身体正前方，手心上下相对，如图6所示。

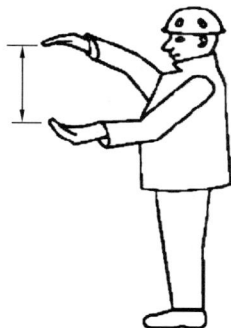

图5   图6

2）匀速起升

一只手臂举过头顶，握紧拳头并向上伸出食指，连同前臂小幅地水平划圈，如图 7 所示。

3）慢速起升

一只手给出起升信号，另外一只手的手心放在它的正上方，如图 8 所示。

图 7   图 8

4）匀速下降

向下伸出一只手臂，离身体一段距离，握紧拳头并向下伸出食指，连同前臂小幅地水平划圈，如图 9 所示。

5）慢速下降

一只手给出下降信号，另外一只手的手心放在它的正下方，如图 10 所示。

图 9   图 10

（4）水平运动

1）指定方向的运行/回转

伸出手臂，指向运行方向，掌心向下，如图11所示。

2）驶离指挥人员

双臂在身体两侧，前臂水平地伸向前方，打开双手，掌心向前，在水平位置和垂直位置之间，重复地上下挥动前臂，如图12所示。

图11   图12

3）驶向指挥人员

双臂在身体两侧，前臂保持在垂直方向，打开双手，掌心向上，重复地上下挥动前臂，如图13所示。

4）两个履带的运行

在运行方向上，两个拳头在身前相互围绕旋转，向前，如图14（a）所示，或向后，如图14（b）所示。

（a）   （b）

图13   图14

5）单个履带的运行

举起一个拳头，指示一侧的履带紧锁。在身体前方垂直地旋转另外一只手的拳头，指示另外一侧的履带运行，如图 15 所示。

6）指示水平距离

在身前水平伸出双臂，掌心相对，如图 16 所示。

图 15   图 16

7）翻转（通过两个起重机或两个吊钩）

水平、平行地向前伸出两只手臂，按翻转方向旋转 90°，如图 17（a）和图 17（b）所示。

注：足够的安全余量是每台起重机或吊钩能够承受瞬时偏载的保证。

(a)   (b)

图 17

（5）相关部件的运行

1）主起升机构

保持一只手在头顶，另一只手在身体一侧，如图 18 所示。

138

在这个信号发出之后，任何其他手势信号只用于指挥主起升机构。当起重机具有两套或两套以上起升机构时，指挥人员可通过手指指示的方式来明确数量。

2）副起升机构

垂直地举起一只手的前臂，握紧拳头，另外一只手托于这只手臂的肘部，如图 19 所示。在这个信号发出后，任何其他手势信号只用于指挥副起升机构。

图 18　　　　　　　　图 19

3）臂架起升

水平地伸出手臂，并向上竖起拇指，如图 20 所示。

4）臂架下降

水平地伸出手臂，并向下伸出拇指，如图 21 所示。

图 20　　　　　　　　图 21

5）臂架外伸或小车向外运行

伸出两只紧握拳头的双手在身前，伸出拇指，指向相背，如图 22 所示。

6）臂架收回或小车向内运行

伸出两只紧握拳头的双手在身前，伸出拇指，指向相对，如图 23 所示。

图 22　　　　　　图 23

7）载荷下降时臂架起升

水平地伸出一只手臂，并向上竖起拇指。向下伸出另一只手臂，离身体一段距离，连同前臂小幅地水平划圈，如图 24 所示。

8）载荷增加时臂架下降

水平地伸出一只手臂，并向下伸出拇指。另一只手臂举过头顶，握紧拳头并向上伸出食指，连同前臂小幅地水平划圈，如图 25 所示。

图 24　　　　　　图 25

3. 使用指挥信号的基本要求

（1）指挥人员的职责及要求

1）指挥人员应根据 GB/T 5082 标准的信号要求与起重司机进行联系。

2）指挥人员发出的指挥信号必须清晰、准确。

3）指挥人员应站在使司机能看清指挥信号的安全位置上。当跟随负载运行指挥时，应随时指挥负载避开人员和障碍物。

4）指挥人员不能同时看清司机和负载时，必须增设中间指挥人员，以便逐级传递信号，当发现错传信息时，应立即发出停止信号。

5）负载降落前，指挥人员应在确认降落区域安全后，方可发出降落信号。

6）当多人绑挂同一负载时，起吊前，应先做好呼唤应答，确认绑挂无误后，方可由一人负责指挥。

7）同时用两台起重机吊运同一负载时，指挥人员应双手分别指挥各台起重机，以确保同步吊运。

8）在开始起吊负载时，应先用"慢速"信号指挥，至负载离开地面 100～200mm 稳妥后，再用正常速度指挥。必要时，在负载降落前，也应使用"慢速"信号指挥。

9）指挥人员应佩戴鲜明的标志，如标有"指挥"字样的臂章、特殊颜色的安全帽、工作服等。

10）指挥人员所戴手套的手心和手背要易于辨别。

（2）起重机司机的职责及要求

1）司机必须听从指挥人员的指挥，当指挥信号不明时，司机应发出"重复"信号询问，明确指挥意图后，方可开车。

2）司机必须熟练掌握 GB/T 5082 标准规定的通用手势信号和有关的各种指挥信号，并与指挥人员密切配合。

3）当指挥人员所发信号违犯标准的规定时，司机有权拒绝执行。

4）司机在开车前必须鸣铃示警，必要时，在吊运中也要鸣铃，通知受负载威胁的地面人员撤离。

5）在吊运过程中，司机对任何人发出的"紧急停止"信号都应服从。

（3）使用信号的基本规定

1）指挥人员使用手势信号均以本人的手心、手指或手臂表示吊钩、臂杆和机械位移的运行方向。

2）当两台或两台以上起重机同时在距离较近的工作区域内工作时，各指挥人员应分工明确，协调指挥。

3）指挥人员如配合使用语言指挥时，应讲普通话。

（4）信号管理有关规定

1）对起重机司机和指挥人员，必须由有关部门进行 GB/T 5082 标准规定的安全技术培训，经考试合格，取得合格证后方能操作或指挥。

2）GB/T 5082 标准所规定的指挥信号是各类起重机使用的基本信号。如不能满足需要，使用单位可根据具体情况适当增补，但增补的信号不得与 GB/T 5082 标准有抵触。

第九章　起重司索安全操作要求

第一节　起重机具与常用绳扣操（制）作

1. 白棕绳的使用与保养

白棕绳的使用和保养方法正确与否，对白棕绳的使用寿命与操作安全有很大的影响。

（1）白棕绳的正确使用方法

1）白棕绳在出厂时一般都盘成卷，使用时按需要的长度从绳卷截取。白棕绳在开卷使用时应按正确的方法操作。如果开卷方法不正确，则将白棕绳从绳卷上抽出时会使白棕绳起扭，影响开卷的正常进行。白棕绳开卷的正确操作方法如下：将绳卷竖放在地面上，有绳头的一端（卷外的绳头）放在下面，将卷内的绳头抽出。这样，开卷时绳不会起扭打结，如图 9-1（a）所示。切不可从卷外把绳头拉出，这样在拉出的过程中白棕绳会起扭打结，如图 9-1（b）所示。

2）当将白棕绳放到需要的长度时，应将绳切断。切断前，在切断处的两侧用细白棕绳或小铁丝扎紧，以免绳股松散，如图 9-1（c）所示。用细白棕绳扎紧时，需紧绕 3～4 圈，而后打结。当用细铁丝时，应绕两圈，用钢丝钳将铁丝拉紧后拧紧，如图 9-1（d）所示。

（2）白棕绳的维护保养

白棕绳的正确使用和良好的维护保养，对白棕绳的使用寿命有很大的影响。正确的使用和维护保养方法有以下几个方面：

1）白棕绳一般用于重量较轻物件的捆绑、滑车作业及桅杆用绳索等。起重机械或受力较大的地方不得使用白棕绳。

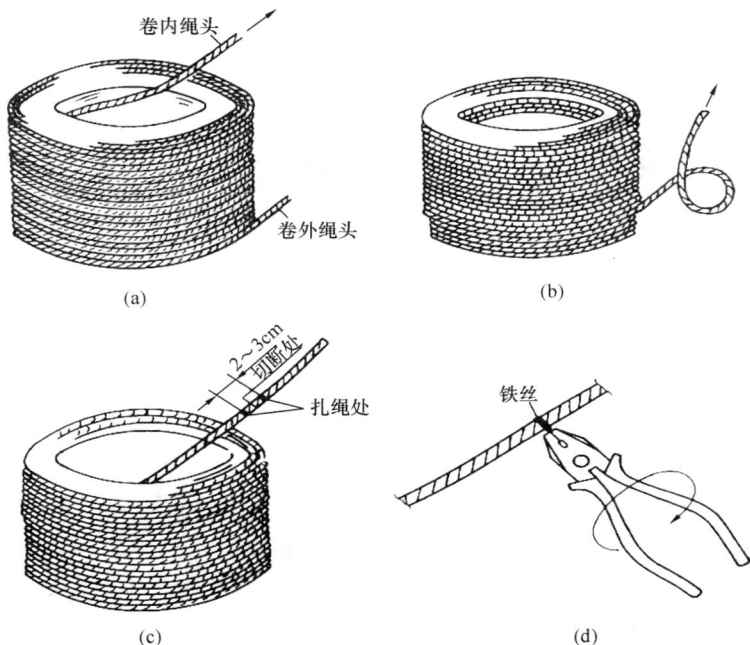

图 9-1 白棕绳的开卷

(a) 正确的开卷方法；(b) 错误的开卷方法；
(c) 白棕绳切断时的捆扎；(d) 铁丝的扎紧

2）使用滑车组的白棕绳，为了减少其所承受的附加弯力，滑轮直径应比白棕绳直径大 10 倍以上。

3）使用中如果发现白棕绳有连续向一个方向扭转的情况时，应抖直，有绳结的白棕绳不得穿过滑车或狭小的地方。

4）在绑扎各类物件时，应避免白棕绳直接和物件的尖锐边缘接触，接触应加垫麻袋、帆布或薄铁皮、木片等衬物。

5）使用中，白棕绳不得在尖锐、粗糙的物件中或地上拖拉。

6）白棕绳穿过滑车时，不应脱离轮槽。

7）使用中的白棕绳应尽量避免雨淋或受潮，不允许将白棕绳和有腐蚀作用的化学物品（如酸、碱等）接触，应放在干燥的木板上或通风好的地方储存保管，避免受潮或高温烘烤。

8）白棕绳容易局部损伤或磨损，也易受潮或化学侵蚀，为保证起重作业安全，避免隐患，使用前必须仔细检查，发现问题及时处理。

9）白棕绳严禁超负荷使用。

2. 白棕绳的绳扣制作方法

白棕绳在使用过程中，由于使用的场合不同，需打成各式各样的绳结，以满足不同的需要。如白棕绳与白棕绳的联接，白棕绳与吊钩、吊环的联接，作捆绑用的绳结等。白棕绳的几种常用绳结及其打结方法步骤如下：

（1）平结

平结又称接绳扣，用于联接两根粗细相同的白棕绳。结绳方法如下：

第一步：将两根白棕绳的绳头互相交叉在一起，如图 9-2（a）所示（A绳头在B绳头的下面，也可以互相对调位置）。

第二步：将 A 绳头在 B 绳头上绕一圈，如图 9-2（b）所示。

第三步：将 A、B 两根绳头互相折拢并交叉，A 绳头仍在 B

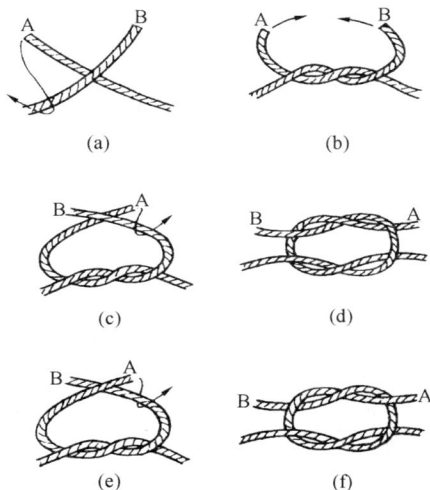

(a)　　　　　　　(b)

(c)　　　　　　　(d)

(e)　　　　　　　(f)

图 9-2 平结

绳头的下面，如图 9-2（c）所示。

第四步：将 A 绳头在 B 绳头上绕一圈，即将 A 绳头绕过 B 绳头，从绳圈中穿入，与 B 绳头并在一起（也可以将 B 绳头按 A 绳头的穿绕方法穿绕），将绳头拉紧系成平结，如图 9-2（d）所示。

在进行第三步时，A、B 两个绳头不能交叉，如果 A 绳头放在 B 绳头的上面，如图 9-2（e）所示，则 A 绳头在 B 绳头上绕过后，A 绳头就不会与 B 绳头并在一起，而打成的绳结如图 9-2（f）所示。此绳结的牢固程度不如平结，外表不如平结美观。

（2）活结

活结的打结方法基本上与平结相同，只是在第一步将绳头交叉时，需将两个绳头中的任意一个绳头（A 或 B）留得稍长一些；在第四步中，不要把绳头 A（或绳头 B）全部穿入绳圈，而应将其绳端的圈外留下一段，然后把绳结拉紧，如图 9-3 所示。

活结的特点是当需要把绳结拆开时，只需把留在圈外的绳头 A（或绳头 B）用力拉出，绳结即被拆开，拆开方便而迅速。

（3）死结

死结大多数用于重物的捆绑吊装，其绳结的结法简单，可以在绳结中间打结。捆绑时必须将绳与重物扣紧，不允许留有间隙，以免重物在绳结中滑动。死结的结绳方法有两种。

1）第一种方法是将白棕绳对折后打成绳结，然后把重物从绳结穿过，把绳结拉紧后即成死结，如图 9-4 所示。下述为打死结步骤：

图 9-3　活结

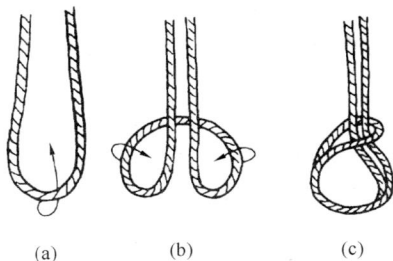

（a）　　　　（b）　　　　（c）

图 9-4　死结

第一步：将白棕绳在中间部位（或其他适当部位）对折，如图 9-4（a）所示。

第二步：将对折后的绳套折向后方（或前方），形成如图 9-4（b）所示的两个绳圈。

第三步：将两个绳圈向前方（或后方）对折，即成为如图 9-4（c）所示的死结。

2）由于第一种结绳方法是先结成绳结，然后将物件从绳结中穿过再扣紧绳结，故当物件很长时，利用第一种方法很困难，可采用第二种方法。其步骤如下：

第一步：将白棕绳在中间对折并绕在物件（如电杆木）上，如图 9-5（a）所示。

第二步：将绳头从绳套中穿过，如图 9-5（b）所示，然后将绳结扣紧，即可进行吊运工作。

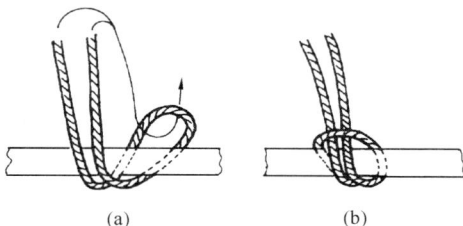

(a)　　　　　　　　(b)

图 9-5　死结的第二种结绳方法

（4）水手结（滑子扣、单环结）

水手结在起重作业中使用较多，主要用于拖拉设备和系挂滑车等。此绳结牢固、易解，拉紧后不会出现死结。其绳结有两种打法。

1）第一种打结方法

第一步：在白棕绳头部适当的长度上打一个圈，如图 9-6（a）所示。

第二步：将绳头从圈中穿出，如图 9-6（b）所示。

第三步：将已穿出的绳头从白棕绳的下面绕过后再穿入圈

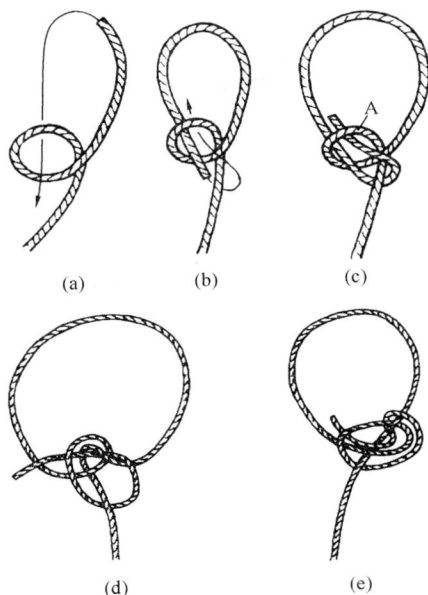

图 9-6　水手结

(a)、(b)、(c) 打绳结的步骤；

(d)、(e) 不正确的绳结

中，便成为如图 9-6（c）所示的水手结。绳结结成后，必须将绳头的绳结［如图 9-6（a）所示的圈］拉紧。否则，在受力后，图 9-6（c）中的 A 部分会翻转，使绳结不紧。翻转后的绳结如图 9-6（d）、（e）所示。

2）第二种打结方法

第一步：将白棕绳结成一个圈，如图 9-7（a）所示。

第二步：将绳头按图 9-7（a）中箭头所示方向向左折，即形成如图 9-7（b）所示的绳圈。

第三步：按图 9-7（d）所示的箭头方向将绳头拉直，即成为如图 9-7（c）所示的绳圈。

第四步：将图 9-7（c）中的绳头在绳的下面绕过后再穿入绳

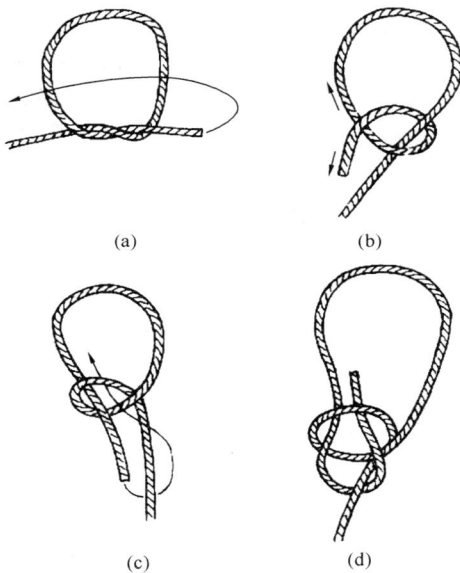

图 9-7　水手结的第二种结绳方法

圈中，便形成如图 9-7（d）所示形状的水手结。绳结形成后，同样要把绳结拉紧后才能使用。

（5）双环扣（双环套、双绕索结）

双环扣的作用与水手结基本相同，它可在绳的中间打结。由于其绳结同时有两个绳环，因此，在捆绑重物时更安全。绳结的打法有两种。

1）第一种打结方法

第一步：把绳对折后将绳头压在绳环上，即形成如图 9-8（a）所示的绳环 A、B。

第二步：将绳头从绳环 A 的上面绕到下面，从绳环 B 中穿出后再穿入绳环 A 中，即成为如图 9-8（b）所示的双环扣。

2）第二种打结方法

第一步：将绳对折后圈成一个绳环 B，如图 9-9（a）所示。

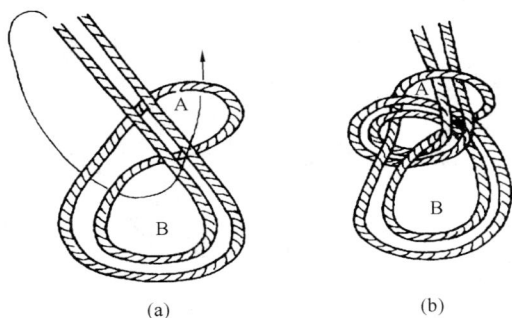

图 9-8　双环扣

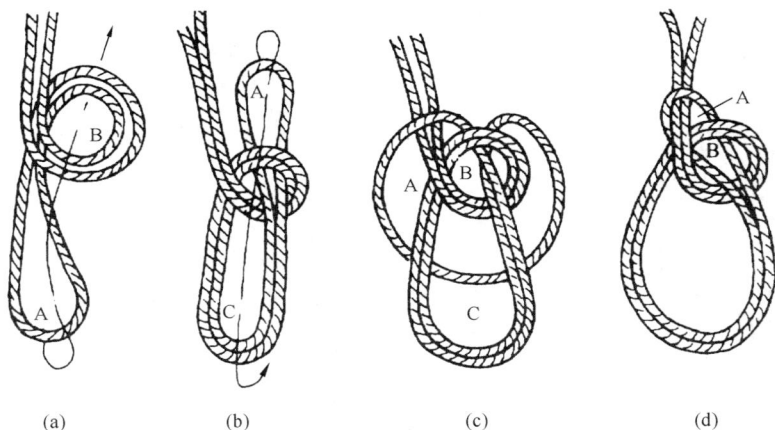

(a)　　　　　　(b)　　　　　　(c)　　　　　　(d)

图 9-9　双环扣的第二种打结方法

第二步：将绳环 A 从绳环 B 的上面穿入，成为图 9-9（b）所示的形状。

第三步：将绳环 A 向前面翻过来，并套在绳环 C 的下面，形成如图 9-9（c）所示的形状。

第四步：绳环 A 继续向上翻，直至靠在两根绳头上，然后将绳拉紧，即成为如图 9-9（d）所示的双环扣。

（6）单帆索结

单帆索结用于两根白棕绳的联接。下述为其结法：

第一步：将两根绳头互相叉叠在一起，如图 9-10（a）所示。A 绳头被压在 B 绳头的下面。

第二步：将 A 绳头在 B 绳头上绕一圈，A 绳头仍在 B 绳头的下面，如图 9-10（b）所示。

第三步：将 A、B 绳头互相靠拢并交叉在一起，B 绳头仍压在 A 绳头的上面，如图 9-10（c）所示。

第四步，将 B 绳头从 A 绳头的下面穿出，并压在 B 绳的上面，将绳结拉紧，即成为如图 9-10（d）所示的单帆索结。

（7）双帆索结

双帆索结用于两根白棕绳绳头的相互联接，绳结牢固，结绳方便，绳结不易松散。下述为其绳结的打法：

第一、二、三步的结法与图 9-10 单帆索结方法相同，如图 9-11（a）、（b）、（c）所示。

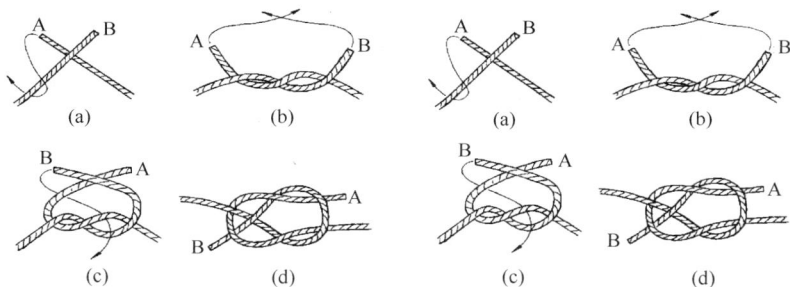

图 9-10　单帆索结　　　　　图 9-11　双帆索结

第四步的结法是将绳头 B 按图 9-11（c）中箭头所示，在 A 绳上绕两圈并穿压在 A 绳下，即成为如图 9-11（d）所示的双帆索结。

（8）"8"字结（梯形结、猪蹄扣）

"8"字结主要用于捆绑物件或绑扎桅杆，其打结方法简单，而且可以在绳的中间打结，绳结脱开时不会打结，其打结方法有两种。

1）第一种打结方法和步骤

第一步：将绳绕成一个绳圈，如图9-12（a）所示。

第二步：紧挨第一个绳圈再绕成一个绳圈，如图9-12（b）所示。

第三步：将两个绳圈C、D互相靠拢，且C绳圈压在D绳圈的上面，如图9-12（c）所示。

第四步：将两个绳圈C、D互相重叠在一起，即成为如图9-12（d）所示的"8"字结。将绳结套在物件上后须把绳结拉紧，防止重物从绳结中脱落。

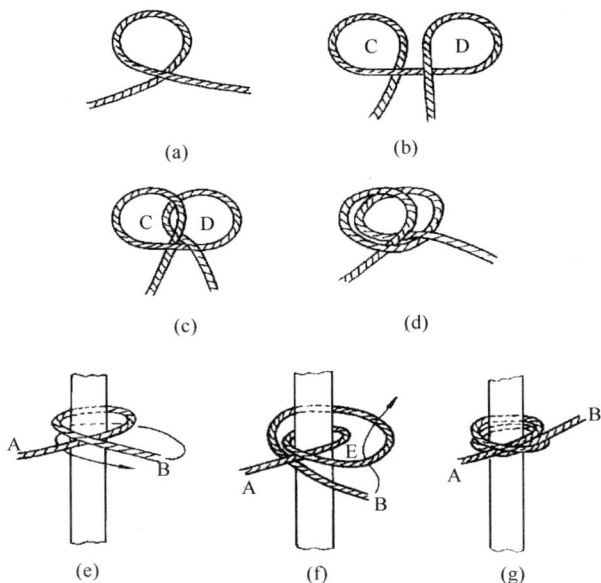

(a)   (b)

(c)   (d)

(e)   (f)   (g)

图9-12　"8"字结

2）第二种打结方法和步骤

由于第一种结绳法要先结成绳结，然后把物件穿在绳结中，这种方法只能用于较短的杆件；当杆件较长，杆件穿入有困难时，就必须用第二种打结方法，下述为其步骤：

第一步，将绳从杆件的后方绕向前方，绳头 B 压在绳头 A 的上面，如图 9-12（e）所示。

第二步，将 B 绳头继续从杆件的后方绕向前方，A 绳头压在 B 绳头的上面，如图 9-12（f）所示。

第三步，将 B 绳头从绳圈 E 中穿出，将绳头拉紧，即成为如图 9-12（g）所示的"8"字结。

（9）双"8"字结（双梯形结、双猪蹄扣）

双"8"字结的用途与"8"字结基本相同，其绳结比"8"字结更加牢固。下面是双"8"字结的打结方法及步骤。

第一步：先打一个"8"字结，紧靠"8"字结再绕一个绳圈 C，如图 9-13（a）所示。

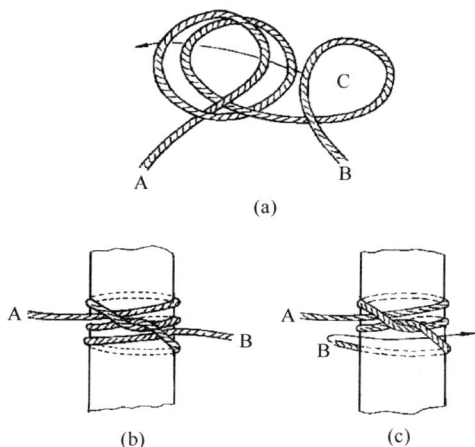

(a)

(b)　　　　　(c)

图 9-13　双"8"字结

第二步：将绕成的绳圈 C 压在已打成的"8"字结的下面，并重叠在一起。然后将绳结套在杆件上，将绳头拉紧，即成为如图 9-13（b）所示的双"8"字结。

第一步中，在绕绳圈 C 时应注意，绳头一定要压在绳上，不能放在绳的下面。如果绳圈绕错时，就不能打成双"8"字结。

如果直接在杆件上打双"8"字结，则打第一个"8"字结的方法与"8"字结的第二种方法相同。在杆件上打好一个"8"字结后，将绳头 B 折向杆件后面，再从杆件后面绕到前面，绳头从绕绳的下面穿出，如图 9-13（c）所示。

（10）木结（背扣、活套结）

木结用于起吊较重量的杆件，如圆木、管子等。其特点是易绑扎，易解开。以下是其打结方法：

第一步：将绳在木杆上绕一圈，如图 9-14（a）所示。

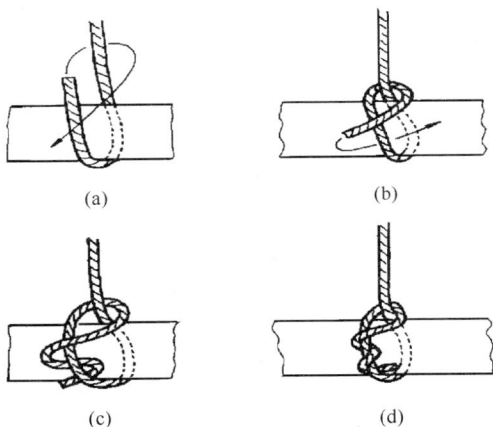

(a)

(b)

(c)

(d)

图 9-14　木结

第二步：将绳头从绳的后方绕向前方，如图 9-14（b）所示。

第三步：将绳头穿入绳圈中，并将绳头留出一段，如图 9-14（c）所示。

在解开此木结时，只需将绳头一拉即可。

如果绳头在绳圈上多绕一圈，则成为图 9-14（d）所示的木结。此绳结由于绳头在绳圈上多绕一圈，故绳结比图 9-14（c）所示的木结更牢固，但解结不如图 9-14（c）所示的木结方便。

（11）叠结（倒背扣、垂直运扣）

叠结用于垂直方向捆绑起吊较轻重量的杆件或管件。其结绳方法有三步：

第一步，将绳从木杆的前面绕向后面，再从后面绕向前面，并把绳压在绳头的下面，如图9-15（a）所示。

第二步，在第一个圈的下部，再将绳头从木杆的前面绕到后面，并继续绕到前面，如图9-15（b）所示。

第三步，把绳头按图9-15（b）上箭头所示方向连续绕两圈，把绳头压在绳圈内，即成为如图9-15（c）所示的叠结。在垂直起吊前，应把绳结拉紧，使绳结与木杆间不留空隙，这样起吊时，木杆就不会从绳结中脱落下来。

当木杆较短时，也可以先打下面的结，然后在绳上再打一个圈，如图9-15（d）所示，将圈从木杆的头部套入，使用时同样应把绳结拉紧，使绳结与木杆间不留间隙。

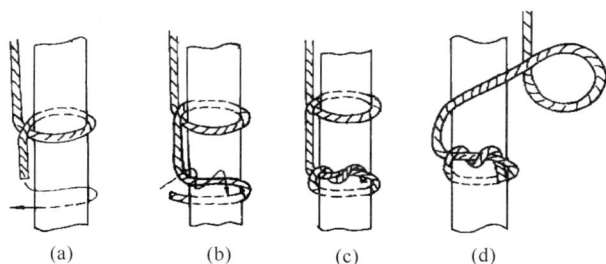

| (a) | (b) | (c) | (d) |

图9-15　叠结

（12）杠棒结（抬扣）

杠棒结主要用于较轻重量物件的抬运或吊运。在抬起重物时绳结自然收紧，结绳及解绳迅速。其打结方法有五步：

第一步，将一个绳头结成一个环，如图9-16（a）所示。

第二步，按图9-16（a）中箭头所示的方向，将另一个绳头B压在已折成的绳环上，如图9-16（b）所示。

第三步，按图9-16（b）中箭头所示的方向，把绳关在绳环上绕一圈半，绳关B压在绳环的下面，如图9-16（c）所示。

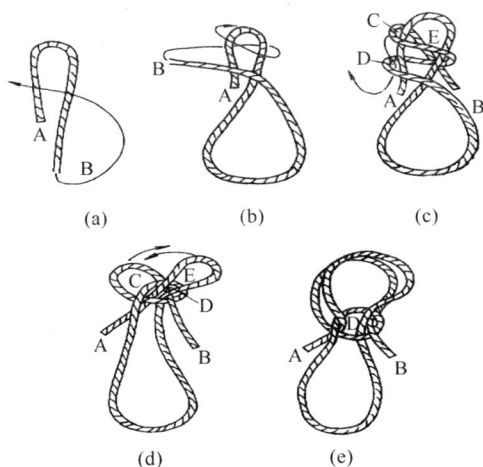

图 9-16　杠棒结

第四步，将绳环 C、绳环 D 穿出，如图 9-16（d）所示。

第五步，将图 9-16（d）所示的两个绳环互相靠近时，直至合在一起，便成为如图 9-16（e）所示的两个杠棒结。在吊重物时，绳圈 D 便会自然收紧，将两个绳头 A、B 压紧，绳结便不会松散。

（13）抬缸结

抬缸结用于抬缸或吊运圆形物件，其打结方法分三步。

第一步，将绳的中部压在缸的底部，两个绳头分别从缸的两侧向上引出，如图 9-17（a）所示。

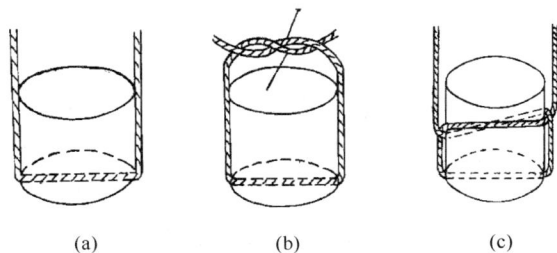

图 9-17　抬缸结

第二步，把绳头在缸的上部互相交叉绕一下，如图 9-17（b）所示。

第三步，按图 9-17（b）中箭头所示方向，将绳交叉的部分向缸的两侧分开，并套在缸的中上部，如图 9-17（c）所示，然后将绳头拉紧，即成抬缸结。注意：在将交叉部分向两侧分开套在缸上时，一定要套在缸的中上部。这样，由于缸的重心在中部绳套的下面，抬缸时缸就不会倾倒。

（14）蝴蝶结（板凳扣）

蝴蝶结主要用于吊人升空作业，一般只用于紧急情况或在现场没有其他载人升空机械时使用。如在起重桅杆竖立后，需在高处穿挂滑车等。在作业时，操作者必须在腰部系一根绳，以增加升空的稳定性。蝴蝶结的操作步骤分为五步：

第一步，将绳的中部对折（可在绳的适当部位）形成一个绳环，如图 9-18（a）所示。

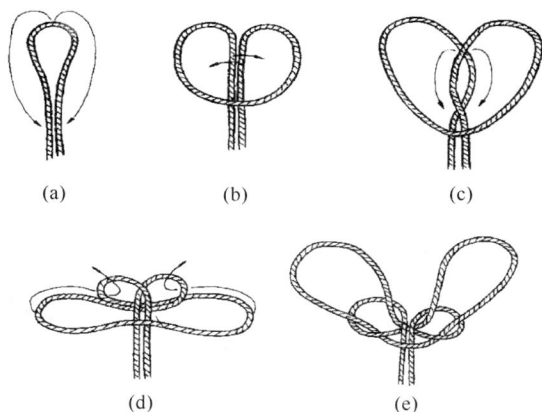

(a)　　　　　(b)　　　　　(c)

(d)　　　　　(e)

图 9-18　蝴蝶结

第二步，用手拿住绳环的顶部，然后按图 9-18（a）中的箭头所示方向再对折，对折后便形成如图 9-18（b）所示的两个绳环。

第三步，按图 9-18（b）中箭头所示方向，将两个靠在一起的部分绳环互相重叠在一起，形成如图 9-18（c）所示的形状。

第四步，用手捏住两绳环上部的交叉部分，然后向后折，直至与两个绳头重叠在一起，便形成如图 9-18（d）所示的四个绳圈。

第五步，将两个大绳圈各从与自己相近的小绳圈由下向上穿出，便形成如图 9-18（e）所示的蝴蝶结。

在使用蝴蝶结时，可将绳结拉紧，使绳与绳之间互相压紧，不使之移动，然后将腿各伸入两个绳圈中；绳头必须在操作者的胸前，操作者用手抓住绳头，便可进行升空作业。

（15）挂钩结

挂钩结主要用于吊装千斤绳与起重机械吊钩的联接。绳结的结法方便、牢靠，受力时绳套滑落至钩底不会移动。挂钩结的打结步骤只有两步。

第一步，将绳在吊钩的钩背上连续绕两圈，如图 9-19（a）所示。

第二步，在最后一圈绳头穿出后，落在吊钩的另一侧面，如图 9-19（b）所示。

当绳受力后便成为如图 9-19（c）所示的形状。绳与绳之间互相压紧，受力后绳不会移动。

（16）栓柱结

栓柱结主要用于缆风绳的固定或溜放绳索。它用于固定缆风

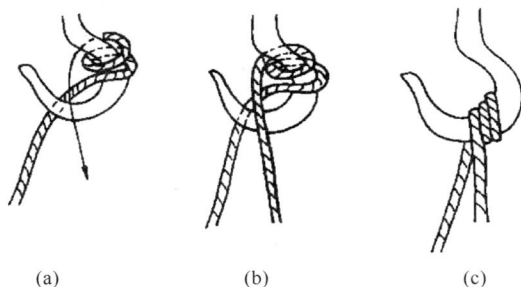

(a)　　　　　(b)　　　　　(c)

图 9-19　挂钩结

绳时，结绳方便、迅速、易解；用于溜放绳索时，受力绳索溜放时能缓慢放松，易控制绳索的溜放速度。

用作固定缆风绳时，栓柱结的打结步骤有三步。

第一步，将缆风绳在锚桩上绕一圈，如图9-20（a）所示。

第二步，将绳头绕到缆风绳的后方，然后再从后方绕到前方，如图9-20（b）所示。

第三步，将绕到缆风绳前的绳头从锚桩的前面绕到后面，并将绳头一端与缆风绳并在一起，用细铁丝或细白棕绳扎紧，如图9-20（c）所示。

当此绳结作溜放绳索时，其绳结的结法是：将绳索的绳头在锚桩上连续绕两圈，并将手握紧绳头，将绳索的绳头按图9-20（d）中箭头所示方向慢慢溜放。

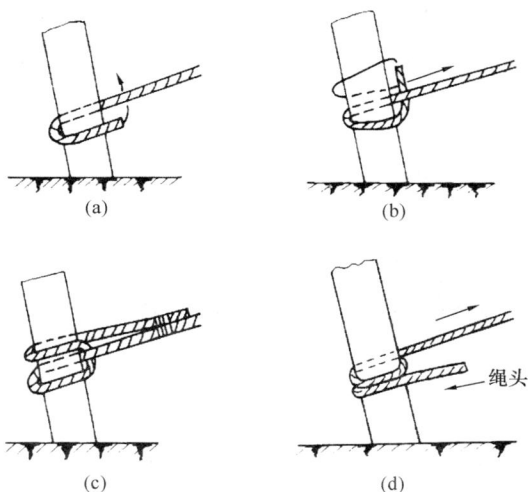

图9-20　栓柱结

3. 钢丝绳的使用与保养

钢丝绳的使用和保养方法正确与否，对钢丝绳的使用寿命安全与操作有很大的影响。例如，钢丝绳在用作捆绑绳时，如果将钢丝绳直接与物件的尖棱、锐角接触，则起吊时，在钢丝绳与物件的尖棱、锐角接触处会产生严重的变形，会损伤钢丝绳，甚至造成钢丝绳只用一次就报废。钢丝绳的使用与保养有以下几个方面需要注意：

（1）使用钢丝绳的注意事项

1）钢丝绳的开卷。按起重作业需要的长度把新钢丝绳从绳卷上取下来时，应按照正确的操作方式进行，以免钢丝绳在取下过程中形成环圈，致使钢丝绳发生过度弯曲，降低寿命。钢丝绳的开卷操作方法如图 9-21 所示。

① 第一种正确的开卷方法

第一步，在钢丝绳盘的孔中插入一根钢管或圆钢。

第二步，将已穿入钢管的钢丝绳盘吊放在两只架子上，松出

图 9-21　钢丝绳的开卷

（a）、（b）、（c）、（d）正确的开卷方法；（e）、（f）错误的开卷方法

绳头；在放绳时只需将绳头向外连续拉出；在拉绳头时，钢丝绳盘即连续转动，直至将钢丝绳放到需要的长度为止，如图 9-21（a）所示。

② 第二种正确的开卷方法

第一步，把绳卷横放在地上，抽出绳头。

第二步，放绳时，把钢丝绳卷放在地上连续滚动，钢丝绳即从绳盘上放出，直至需要的长度为止，如图 9-21（b）、（d）所示。

③ 第三种正确的开卷方法

第一步，把钢丝绳盘竖放在可以旋转的心轴上，心轴放在地上。

第二步，把钢丝绳头从盘上抽出，并连续放出，此时钢丝绳盘即在心轴上转动，直至将钢丝绳放到需要的长度，如图 9-21（c）所示。

图 9-21（e）、（f）所示是一种错误的的开卷方法。

2）不要超负荷使用钢丝绳，应在允许的负荷下作业；同时也不能使钢丝绳在冲击荷载下工作；工作时速度应较平稳。

3）钢丝绳作捆绑使用时，应避免钢丝绳直接和物件的尖棱锐角接触，以免物件的尖棱锐角切断钢丝绳。应在钢丝绳与物件的尖棱锐角接触处垫以木板或其他衬垫物，如图 9-22 所示。

4）钢丝绳在使用中应避免扭结，如图 9-23 所示。一旦发生扭结应立即抖直，因钢丝绳扭结受力后，会使扭结处产生很大的弯曲应力，致使钢丝绳的承载能力和使用寿命降低。

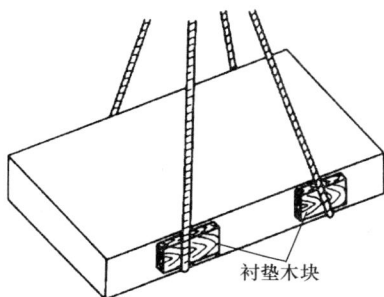

衬垫木块

图 9-22　钢丝绳捆绑物件衬垫方法

图 9-23　钢丝绳的扭结

5）根据钢丝绳的磨损、腐蚀、断丝或变形情况，正确判断钢丝的新旧程度，合理使用钢丝绳。

6）钢丝绳的绳头应用细铁丝扎紧，以免在使用过程中散股。

7）钢丝绳在使用中不能与电线接触，不能与其他硬物摩擦，也不能穿过已经破损的滑车。

8）使用中应尽量避免打死结，以免使钢丝绳产生永久变形降低承载能力和使用寿命。

9）用钢丝绳吊运高温物件时，应采取隔热措施。

10）钢丝绳在使用过程中，应尽量减少其弯曲程度。

（2）钢丝绳的保养

1）钢丝绳在用完后应盘成卷存放，其盘卷方法如图9-24所示。在盘绕开始前，应将绳头在地上盘成一个圈，并互相绞一下，以免在盘绕时钢丝绳弹出，如图9-24（a）所示。然后依此圈大小，将钢丝绳盘成圈。但在盘绕的过程中，钢丝绳会扭成一个绳圈，此时即可将此圈绕在盘堆上，如图9-24（b）所示。

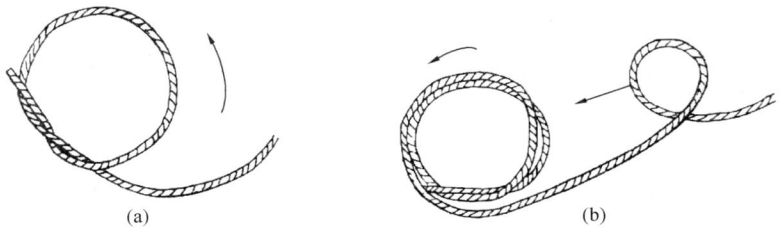

(a)   (b)

图9-24 钢丝绳的盘卷

2）钢丝绳在使用一段时间后，必须上油。这样一方面可减少钢丝绳与其他活动件（如滑车、卷筒等）的摩擦，以及钢丝绳本身之间的摩擦；另一方面也可减缓钢丝绳的生锈腐蚀，延长其使用寿命。

在上油前，须用硬毛刷和柴油将钢丝绳上粘附的泥土、铁锈或其他污物清除干净，然后用硬毛刷或棉丝团把不含酸碱性的润滑油脂涂在钢丝绳上。在涂油脂的同时，将涂过油脂的钢丝绳盘成圈堆放，以备使用。

4. 钢丝绳绳扣的制作方法

钢丝绳在起重作业中，可根据不同的用途和需要结成各种不同的绳结。但由于钢丝绳柔性较差，打结易损伤钢丝绳，因此，在使用中应尽量避免打结，特别是在钢丝绳的中部打结。

钢丝绳的绳结基本上与白棕绳的绳结一样，除白棕绳的平结、活结、蝴蝶结、杠棒结、抬缸结外，其余的几种结都适用于钢丝绳，其结法也基本相同。下面只介绍几种常用钢丝绳的绳结方法。

（1）单帆索结

由于钢丝绳柔性较差，故在打结时不能像白棕绳那样，其打结方法如下：

第一步，将 B 绳圈成一个环，用手握住，将 A 绳从绳环中由下向上穿出，如图 9-25（a）所示。

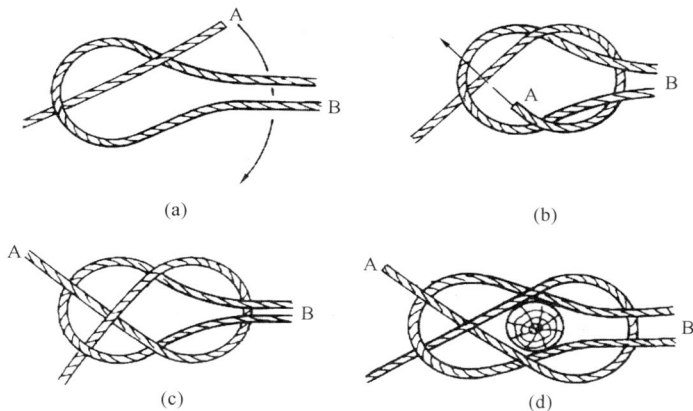

图 9-25　钢丝绳的单帆索结

第二步，将从环中穿出的绳头 A 按图 9-25（a）图中箭头所示方向，从 B 绳的下部绕出后压在绳环上，如图 9-25（b）所示。

第三步，按图 9-25（b）中箭头所示方向，将绳头 A 从 A 绳下穿出，并压在绳环上，如图 9-25（c）所示。

第四步，在绳结中穿入一根短圆木或钢管，这样可以减少钢丝绳的损伤，如图 9-25（d）所示。

（2）套环结

套环结用于钢丝绳与吊环的联接，结绳方便、牢固。套环结的打结方法及步骤如下：

第一步，把钢丝绳的绳头穿入环中，如图 9-26（a）所示。

第二步，把绳头从绳的前面绕向后面，如图 9-26（b）所示。

第三步，把绕向绳后面的绳头再穿入环中，如图 9-26（c）所示。

第四步，将从环中穿出的绳头在绳上绕一下，如图 9-26（d）所示。

第五步，把绳头与绳并在一起，并用细铅丝把绳头扎紧，以免在受力时绳头松脱。

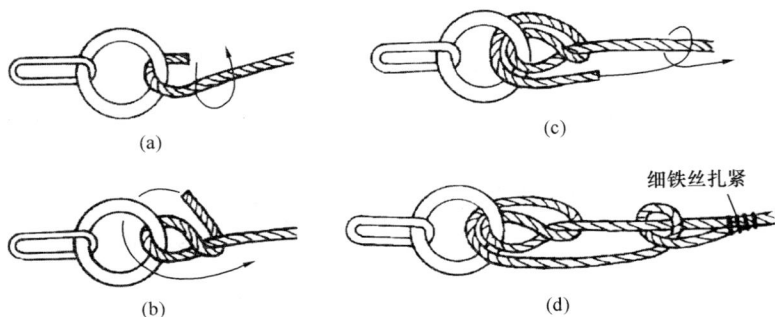

图 9-26　套环结

（3）对结（又称双套结、双十字结）

对结用于钢丝绳与钢丝绳端部的联接，也可用于钢丝绳的端部的固定。对结的结法如下：

第一步，把绳头圈成一个绳环，如图 9-27（a）所示。

164

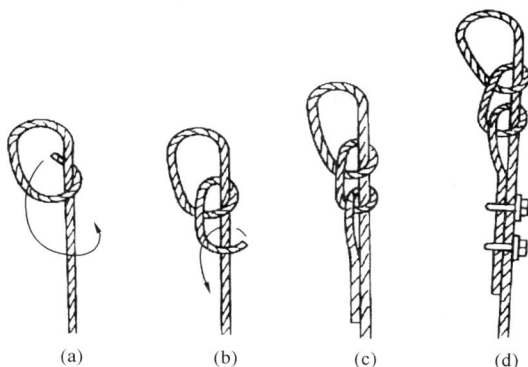

图 9-27　对结

第二步，把绳头从绳环中由下向上穿出，如图 9-27（b）所示。

第三步，把从绳环中穿出的绳头从绳的上面绕到下面，并再次从绳环中由下向上穿出，形成如图 9-27（c）所示的绳结。

第四步，把绳头与绳并拢，并用钢丝绳夹把绳头固定，如图 9-27（d）所示。除用钢丝绳夹固定绳头外，也可用细铁丝把绳头扎紧，但用此方法固定绳头没有用钢丝绳夹固定绳头牢固。

5．合成纤维吊装带的使用

（1）在不利条件或有害情况下使用吊装带

1）吊装带使用的材料对部分化学物品有抗蚀性，合成纤维的抗化学性能概述如下：

① 聚酯（PES）能抵抗大多数无机酸，但不耐碱；

② 聚酰胺（PA）耐碱，但易受无机酸的侵蚀；

③ 聚丙烯（PP）几乎不受酸碱侵蚀，除需使用化学溶剂的情况外，聚丙烯适合在强化学腐蚀的环境下使用。

如无害酸或碱溶液经过蒸发而充分浓缩，从而对吊装带造成伤害。则被污染的吊装带应立即停止使用，在冷水中浸泡，自然风干后送交检验人员进行检测。

2）吊装带应在下列温度范围内使用及储存：

① 聚酯及聚酰胺：－40～100℃。

② 聚丙烯：－40～80℃。

在低温、潮湿的情况下，吊装带上会结冰，从而对吊装带形成割口及磨损，损坏吊装带的内部结构。此外，结冰会降低吊装带的柔韧性，极端情况下会使吊装带不能继续使用。

在上述规定的温度范围内，允许采用限定的非直接加热的方法对吊装带进行烘干。

（2）对在使用期间的吊装带的检验

1）在吊装带首次使用前，应确保：

① 吊装带的规格与订单上的要求一致；

② 有制造商提供的证书；

③ 吊装带上标识的名称和极限工作载荷与证书上的内容一致。

2）每次使用前，应检查吊装带是否有缺陷，并确保吊装带的名称和规格正确。不应使用没有标识或存在缺陷的吊装带；应将没有标识或存有缺陷的吊装带送交有资质的部门进行检测。

3）吊装带使用期间，应经常检查吊装带是否有缺陷或损伤，包括被污垢掩盖的损伤。这些被掩盖的损伤可能会影响吊装带的安全使用。应对任何与吊装带相连的端配件和提升零件进行上述检查。如果有任何影响使用的状况发生，或所需标识已经丢失或不可辨识，应立即停止使用，送交有资质的部门进行检测。

封套表面的任何明显损伤都可能对承载芯造成潜在危害，可能影响吊装带的安全使用的缺陷或损伤如下：

① 表面擦伤。正常使用时，封套的表面纤维会有擦伤。这些属于正常擦伤，几乎不会对吊装带的性能造成影响。应重视所有严重的擦伤，尤其是边缘的严重擦伤。局部磨损不同于一般磨损，可能是在吊装带受力拉直时，被尖锐的边缘划伤造成的。这些锐利的边缘会导致封套被割破。

② 割口。封套表面横向或纵向的割口、针脚的任何损伤都会对承载芯的完整性造成严重影响。

③ 承载芯裸露。

④ 化学侵蚀。化学侵蚀会导致吊装带局部削弱或软化，表现为表面纤维脱落或擦掉。封套受到化学侵蚀时将会对承载芯的完整性产生严重影响。

⑤ 热损伤或摩擦损伤。封套纤维材料外观非常光滑，极端情况下纤维材料可能会熔合在一起，削弱承载芯的性能。

⑥ 配件损伤或变形。

（3）正确选择和使用吊装带

1）选择和确定吊装带时，应根据方式系数和提升物品的性质选择所需的极限工作载荷；物品的尺寸、形状、重量以及使用方式、工作环境和物品的性质都会影响吊装带的正确选择。

选择的吊装带必须有足够的强度和使用长度。使用一肢以上的吊装带提升物品时，每肢吊装带的规格都应完全相同。吊装带的材料不应受环境或物品的不利影响。

端配件和提升装置应当与吊装带相匹配。

2）吊装带不应超载使用：吊装带的标签上标注有一些方式系数对应的极限工作载荷。在使用多肢吊装带时，索肢与垂直方向的夹角不应超过规定的最大值。

3）提升时应遵照下列提倡的做法：提升物品前，应对悬挂、提升和下降操作进行计划。

4）吊装带应正确放置，以安全的方式连接到物品上，并保证吊装带与物品连接的地方伸平，以便吊装带在宽度方向均匀承载，吊装带不应打结或弯曲。

为了防止吊装带上的标签受到损伤，应使其远离物品、吊钩和扼圈。

5）多肢吊装带的极限工作荷载值是基于组合多肢吊装带在对称承载的情况下得出的，即提升载荷时各索肢应按设计对称分布，相对应的索肢与竖直方向的夹角应相同。

对于三肢吊装带，如果索肢不能按设计对称布置，则应使设计角度之和与相邻索肢夹角最大的索肢上拉力最大。同样的情况也会发生在四肢索具上，除非荷载为刚性物品。

6）应防止吊装带被物品或提升装置的锐边割破、摩擦及磨损。防护锐边和/或磨损损伤的保护及加固的零件应为吊装带的一部分，并应正确安排其位置。必要时对该零件进行额外的保护。

7）物品在吊装带上的固定应保证其提升时不会倾倒或掉落。吊装带的吊点应在物品重心的正上方，并确保物品平衡、稳定。如果物品的重心不在吊点之下，提升时，吊装带可能会在吊点上移动。

使用吊篮式连接时，由于此种方式不像扼圈式连接，可以将被吊物抓紧，所以吊篮式连接在提升时吊装带会沿吊点滚动。为确保提升安全，成对使用的吊装带建议使用隔离装置，使索肢尽可能竖直从而确保物品在索肢间均匀分布。

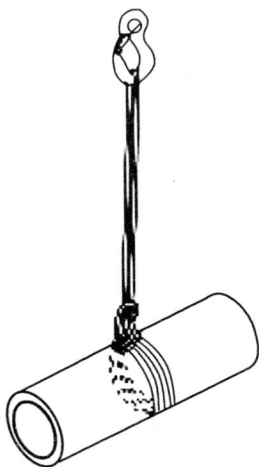

图 9-28 双匝扼圈连接

当吊装带使用扼圈式连接时，应确保自然形成 $120°$ 角，避免产生摩擦热。不应强行安装一根吊装带或试图用一根吊装带拉紧。固定物品的正确方法是使用双匝扼圈。双匝扼圈捆扎更为安全，有助于防止物品从吊装带上滑落，如图 9-28 所示。

8）应进行试提升。应在吊装带张紧时，再将吊装带与物品连接处松弛的部分拉紧。先将物品稍微提起，然后检查物品是否牢固、是否在预定位置。当使用摩擦力固定物品时，如采用吊篮式或其他结套式连接，尤其要注意。

如果被吊物品有倾斜的迹象，应将其放下，并重新捆扎。且应重复进行试提升，直至物品平稳。

9）提升时，应确保物品在控制之下，即防止物品旋转或与其他物体碰撞。应避免瞬间或冲击加载，以免增加吊装带的受力。

吊装物品或吊装带本身不应在地面或粗糙表面拖拉。

10）物品下降时，应采用与提升相同的控制方式。物品下降时，应避免吊装带被挂住，不应将物品压在吊装带上，如果这样会造成吊装带损坏，不应将吊装带从下面抽出来。

11）提升作业完成后应将吊装带正确贮存。不使用时，应将吊装带贮存在清洁、干燥、通风良好的地方；应将吊装带放在架子上，并使其远离热源，避免与化学品、烟雾、腐蚀性表面接触；避免阳光直射或其他紫外线辐射源。

12）吊装带贮存前，应检查其在使用期间是否受到任何损坏。吊装带如果受到损坏，不能放回贮存。

13）如果提升用吊装带已经接触了酸和/或碱，建议在贮存前用水稀释或使用适当物质进行中和。

14）使用浸湿或清洗过的吊装带，应悬挂起来自然风干。

6. 钢丝绳绳夹的选择与使用

在起重作业中，钢丝绳绳夹用于钢丝绳与钢丝绳的联接、钢丝绳环末端的固定以及作缆风绳使用时钢丝绳绕在锚桩上后的固定等，它的使用情况如图 9-29 所示。

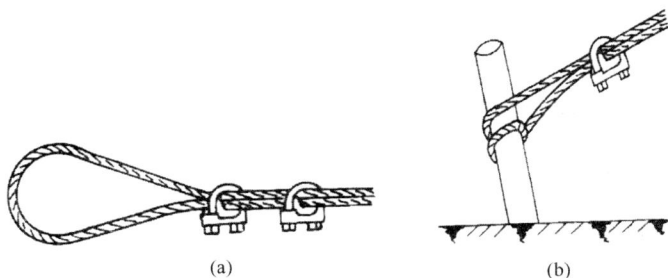

(a)　　　　　　　　(b)

图 9-29　钢丝绳绳夹的使用

（1）钢丝绳绳夹的选择

1）在起重作业中，最常用的钢丝绳绳夹为标准的骑马式绳夹。使用中应注意：一定直径的钢丝绳须选择相应规格的钢丝绳绳夹；使用钢丝绳绳夹的个数，应能可靠地保证钢丝绳的强度；钢丝绳绳夹的拧紧程度，以压偏钢丝绳直径的三分之一为宜。

2）选择钢丝绳夹的尺寸应适合钢丝绳的直径，一般钢丝绳夹的尺寸以大于钢丝绳直径 1mm 左右为佳。

（2）钢丝绳夹的使用方法

1）将钢丝绳嵌入 U 形环中，如图 9-30（a）所示。

2）将卡体套在 U 形环上，如图 9-30（b）所示。

3）将两只螺母拧上，如图 9-30（c）所示。在拧紧螺母时，必须将两只螺母交叉进行拧紧，不能将其中一只拧紧后再拧紧另一只。

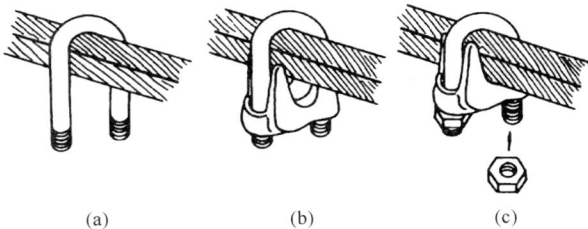

(a)   (b)   (c)

图 9-30　钢丝绳夹的使用方法

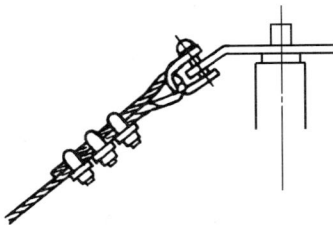

图 9-31　钢丝绳夹的安装方向

4）在使用钢丝绳夹时，可以在一个方向上排列，也可以在正反两个方向上排列，但以绳的 U 形弯曲部分卡在绳头一边为最佳，如图 9-31 所示。这样，在拧紧钢丝绳夹时，被压偏的是绳头部分，可以避免主绳被压偏而降低其使用寿命。

7. 卸扣的使用与保养

卸扣是起重作业中广泛使用的联接工具，卸扣的使用注意事项和维护保养主要有：

（1）在使用卸扣中，必须注意其受力方向。如果受力的方向不符合要求，则会使卸扣允许承受载荷的能力降低，图 9-32 所示是卸扣的安装方式。正确的安装方式是将力的作用点放在卸扣本体的弯曲部分和横销上，如图 9-32（a）、（b）所示；而图 9-32（c）、（d）则是错误的安装方式，作用力会使卸扣本体的开口扩大，横销螺纹部分将承受较大的力。

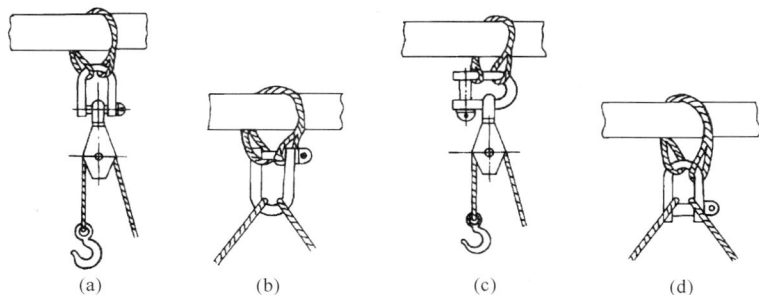

图 9-32　卸扣的使用示例图

（2）安装卸扣横销时，应在螺纹旋足后再向反方向旋半圈，以防止因螺纹旋得过紧而横销无法退出。

（3）卸扣不得超负荷使用。

（4）如发现卸扣有裂纹、磨损严重或横销弯曲现象时，应停止使用。

（5）起重作业完成后，不允许在高空中将拆下的卸扣往下抛掷，以防卸扣变形及内部产生不易发觉的裂纹损伤。

（6）不用卸扣时，应在其横销的螺纹部分涂以润滑油，存放在干燥处，以防生锈。

8. 吊环与吊钩的使用

吊钩与吊环的使用注意事项有：

（1）在起重吊装作业中的吊钩、吊环表面要光滑，不能有破裂、刻痕、锐角、接缝和裂纹等缺陷，应经常检查吊钩开口度。吊环螺钉不得有变形、松动。

（2）吊钩和吊环不准超负荷使用。

（3）使用过程中要定期进行检查，如发现危险截面磨损超过 10% 时，就应立即降低负荷使用。

（4）吊钩的连接部分应经常检查，检查连接是否可靠、润滑是否良好。

（5）使用吊钩与重物吊环相连接时，必须保证吊钩的位置。

9. 千斤顶的使用与保养

齿条式千斤顶、螺旋式千斤顶和油压式千斤顶的使用与保养要求有：

（1）齿条千斤顶的使用

1）顶升

使用时，先将棘爪放在上升位置，然后把手柄作上下摇动，手柄每向下按一次，千斤顶的齿条就上升一个齿距，同时重物也随之上升一个齿距；当手柄往上提时，由于棘爪的止动作用，齿条不会因重物重量的作用而下落。这样将手柄作连续上下摇动，就可以把重物顶升到要求的高度。

2）下降

在使用时，将棘爪放到下降的位置，然后将手柄上下搣动，当手柄向上提时，齿条就下降一小段距离，手柄往回搣动，由于棘爪制动作用，重物就不会继续下滑。连续搣动手柄，即可将重物下降到要求的位置。

（2）螺旋式千斤顶的使用

1）锥齿轮式螺旋千斤顶的使用

作业前应根据起重量的大小选择千斤顶，使起重量在千斤顶的额定负荷内。使用时，把摇把上的换向扳钮扳到上升位置，然后用手摇动摇把，使螺杆套筒迅速上升，直至与重物相接触。将手柄插入摇把的孔内，使手柄作来回摆动，通过棘轮组使锥齿轮组转动，同时，使与锥齿轮连在一起的螺杆与锥齿轮一起转动，使螺杆套筒在壳体内向上移动，顶起重物。反之，把摇把上的换向扳钮扳到下降位置，在摇把来回摇动时，螺杆套筒就下降，同时重物也随着下降。

2）锥齿轮式螺旋千斤顶的维护保养

为使千斤顶能可靠地工作，延长其使用寿命，在使用中应加

强对千斤顶的维护保养,使千斤顶始终保持完好状态。千斤顶的维护保养应注意以下几个方面:

① 经常保持棘轮组的清洁,勿使棘轮组积尘,并经常加注润滑油,使棘轮保持良好的润滑,以保证棘轮组的动作灵活可靠。

② 螺杆套筒与壳体间的摩擦表面必须随时涂润滑油。涂油前应将套筒表面擦干净。千斤顶的其他注油孔,如螺杆、锥齿部件应润滑良好,减小摩擦力及噪声。

③ 应定期将千斤顶拆卸、清洗。

3)千斤顶可能出现的故障及排除方法

千斤顶在较长时间的使用后,因零件磨损或由于平时维护保养不当,甚至只使用不保养,会使千斤顶在使用中出现以下故障:

① 当摇把摇动时,重物不会被顶起或下降。产生此种现象的原因可能是装在摇把处的棘轮组失灵,棘爪在棘轮上打滑而不能推动旋转。当故障原因确定后,应拆下摇把机构,把棘爪重新安装好,千斤顶即可正常工作。

② 在顶起重物的过程中,有不正常的噪声出现。产生此种现象的原因大都是锥齿轮的支承轴承被损坏。消除故障的办法是把千斤顶拆开,更换新的轴承。其方法及步骤如下:首先将千斤顶底座侧面的紧固螺钉拆下,把底座按螺纹反方向旋出;然后把螺杆全部旋出,更换新的支承轴承;最后将螺杆、底座重新安装好,千斤顶即可正常工作。在更换锥齿轮的支承轴承时,不要忘记在轴承内加足润滑油,使轴承润滑良好,以利于减小摩擦力及噪声。

③ 摇把在摆动中有冲击的感觉,可能是由于锥齿轮的齿断裂而引起的。由于齿的断裂,使齿的啮合情况恶化而产生撞击。齿断裂后必须换上新的锥齿轮。假定更换与摇把相连的一只锥齿轮,其拆卸更换步骤如下:

第一步,摇动摇把,使螺杆套筒上升,当上升至全行程的一半左右时，就停止摇动。

第二步，拆下底座的坚固螺钉，把底座旋下。

第三步，用力将螺杆套筒下压，使锥齿轮部分伸出壳体外，然后用手把螺杆全部旋出。

第四步，把螺杆套筒从壳体中抽出。

第五步，拆下摇把机构及棘轮组。

第六步，拆下锥齿轮，并换上新的锥齿轮。

第七步，按顺序装上各零件。

当装配全部结束后，需摇动摇把，检查千斤顶各转动部分是否灵活，经检查认为机构一切正常后方可投入使用。

（3）油压千斤顶的使用维护

1）液压千斤顶的使用方法

使用时，先将手柄开槽的一端套入开关，并按顺时针方向旋转将开关拧紧，然后将手柄插入撅手孔内，使手柄做上下撅动。随着手柄的上下撅动，泵芯也随之做上下运动。当泵芯向上运动时，工作液（机械油）便通过单向阀被吸入泵体；当泵芯向下运动时，被吸入泵体内的工作液便被泵芯压出，压出的工作液通过另一个单向阀进入活塞胶碗的底部，活塞杆即被逐渐顶起；当活塞上升到额定高度时，由于限位装置的作用，活塞杆不再上升。当需要降落时，仍用手柄开槽的一端套入开关，做逆时针方向的转动，单向阀即被松开。此时活塞缸内的工作液就通过单向阀流回外壳内，活塞杆即渐渐下降。活塞杆的下降要在外力的作用下才能实现，且下降的速度可以通过单向阀开启的大小来调节。

2）液压千斤顶的维护保养

液压千斤顶在使用一段时间后，应拆卸、清洗、换油、检查，使千斤顶保持良好的性能和正常工作。液压千斤顶的拆卸步骤如下：

① 在进行拆卸前，将加油孔螺钉用螺钉旋具拆下，把千斤顶横放在油盘上，使工作液流出。

② 将千斤顶的调整螺杆旋下。

③ 用扳手将螺母拆下，然后将活塞杆拆下。

④ 用扳手将顶帽拆下，拆下顶帽后，便可将活塞缸取出，这样活塞胶碗也可同时被取出。

⑤ 将泵芯上的销子拆下，取出泵芯及液压泵胶碗。

⑥ 拆下堵塞螺钉。

经过以上的拆卸后，便可对千斤顶各部分进行清洗，或更换损坏的零件。经仔细清洗及检查后，便可按拆卸相反顺序进行装配。

装配完工后，将千斤顶在负载下检查一下，如有不合格处，如漏油、动作失灵等，必须重新修整，经检查符合要求后，才能投放使用。

10. 环链手拉葫芦的使用与保养

（1）环链手拉葫芦的使用

1）在起吊重物前，应确认重物重量、吊钩是否垂直。

2）葫芦的吊挂必须牢靠，不得有吊钩歪斜及将重物吊在吊钩尖端等不良现象。

3）起重链条及手拉链条不应有错扭现象，以免在起吊重物时链条卡死在链轮中，影响正常工作。

4）无论是在倾斜还是水平方向使用拉链，拉链的方向应与手链轮方向一致，不要在与手链轮不同平面内斜向拽动手链条，以免发生拉链卡住或脱链现象。

5）在起吊过程中，严禁有人在重物下面做任何工作或行走，以免发生人身事故。

6）在起吊过程中，无论重物上升还是下降，拽动手拉链时，用力应均匀缓和，不要用力过猛，以免链条跳动脱出链轮或卡环。

7）如果操作者发现拉不动拉链时，切不可猛拉，更不能增加人员，应立即停止拉链，进行如下检查：

① 重物是否与其他物件牵连。

② 环链手拉葫芦机件有无损坏。

③ 重物是否超出了葫芦的额定负荷。

（2）环链手拉葫芦的维护保养

正确的维护保养对延长环链手拉葫芦的使用寿命及安全可靠地使用葫芦有很大影响，因此，应做好维护保养工作。环链手拉葫芦的维护保养有以下几个方面：

1）使用完毕后应将环链手拉葫芦上的泥垢擦净，然后存放在干燥地点，避免受潮、生锈和腐蚀。

2）每年应拆洗机件，加润滑油。

3）环链手拉葫芦经清洗检修后，应进行空载和重载试验；确认工作正常时，才能正常使用。

4）在加油和使用过程中，制动器的摩擦面必须保持干净；应经常检查制动器部分，以防止制动器失灵，发生重物自坠现象。

11. 滑车的使用与保养

（1）滑车的穿绕

1）单门滑车的穿绕

单门滑车一般都做成开口型的，其一面的夹板是活动式，可以翻开。图 9-33 所示是单门开口型滑车的结构示意图。

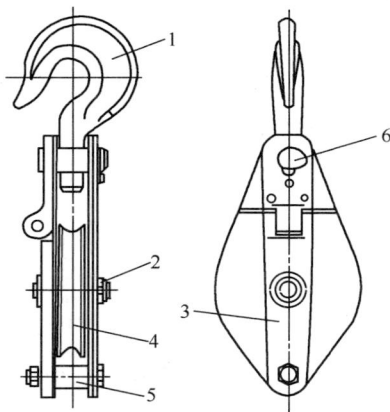

图 9-33　单门开口型滑车的结构示意图
1—吊钩（吊环）；2—中央枢轴；3—拉杆；
4—滑轮；5—横杆；6—桃形轴

176

单门开口型滑车的穿绕比较方便简单，钢丝绳的穿绕方法及步骤如下所述：

① 将滑车平放在地上，使有活动夹板的一面朝上，如图9-34（a）所示。

② 将滑车的吊钩向顺时针方向转动90°，使桃形轴6的尖端对准桃形孔口，如图9-34（b）所示。

③ 将活动夹板翻开，如图9-34（c）所示。

④ 将钢丝绳放入滑车槽中，如图9-34（d）所示。

⑤ 合上活动夹板，活动夹板上的桃形孔对准桃形轴。

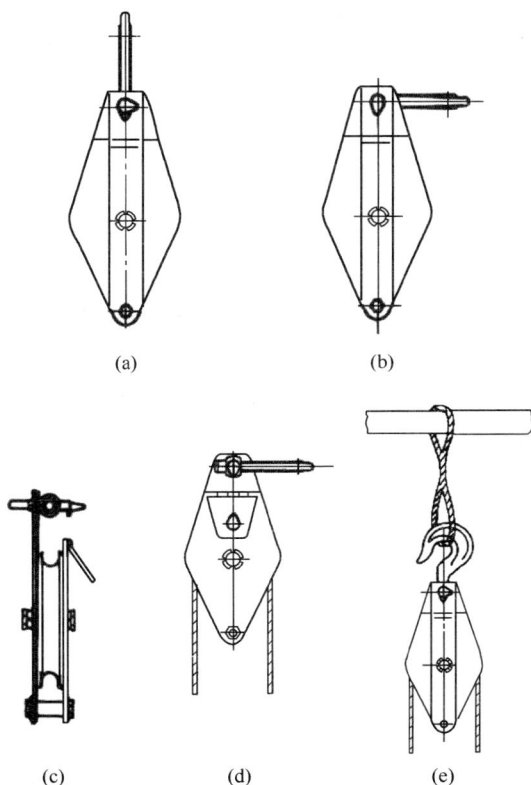

(a)　　　　　　　　(b)

(c)　　　　(d)　　　　(e)

图9-34　单门开口型滑车钢丝绳的穿绕

⑥ 将吊钩顺时针转 90°，恢复至图 9-34（a）的位置。

经过以上六个步骤的动作，钢丝绳的穿绕即完成。

⑦ 将滑车的吊钩挂在钢丝绳的绳环中，即可进行起吊作业，如图 9-34（e）所示。

2）滑车组钢丝绳的穿绕

滑车组钢丝绳基本的穿绕方法有两种：顺穿法和花穿法。顺穿法是一种比较简单的穿绕方法。根据现场拥有的卷扬机台数，可以采用单跑头顺穿法或双跑头顺穿法。

① 单跑头顺穿法

该穿法是将钢丝绳的一个头从边上第一个定滑车开始，如图 9-35（a）所示，按顺序逐个绕过定滑车和动滑车，将绕完后的绳头固定在末端滑车的架子上，如图 9-35（b）所示。

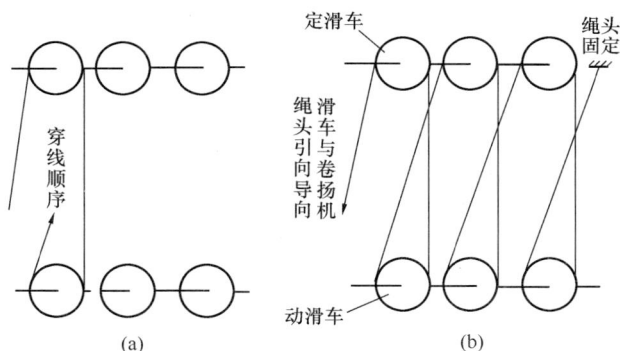

图 9-35　单跑头顺穿法

有时根据起吊作业的实际需要，钢丝绳的绳头也可从动滑车开始穿绕，最后将绳头固定在动滑车的架子上，穿绕后的情况如图 9-36 所示。

单跑头顺穿法的方法及步骤如下：

a. 将两只滑车平放在地上，两只滑车间的距离根据滑车组的起重量而定。起重量小，穿绕滑车的钢丝绳也较细，穿绕时两只滑车间的距离也可相应得短一些；起重较大时，钢丝绳相应粗

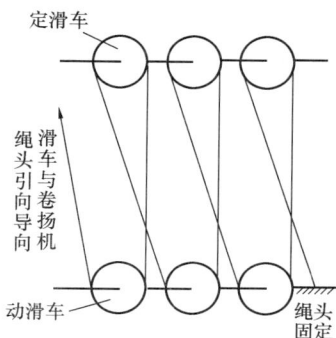

图 9-36　从动滑车开始的单跑头顺穿法

一些，穿绕滑车组时，两只滑车之间的距离也应大些。因为钢丝绳越粗，其刚性越大，因此两只滑车间的距离增大后便于穿绕。滑车平放时，应使滑车的平面与地面平行，如图 9-37 所示。

图 9-37　穿绕前的滑车放置

b. 将钢丝绳的绳头从定滑车的第一个滑车槽中穿过，然后再穿入动滑车的第一个滑车槽中，如图 9-38（a）所示。

c. 将从动滑车穿绕出来的钢丝绳头再从定滑车的第 2 只滑车槽中穿入，而后把绳头从动滑车的第 2′只滑车槽中穿入，这样依次从定滑车穿至动滑车，直至穿到最后一只滑车（动滑车或定滑车），如图 9-38（b）所示。

d. 将绳头固定在定滑车的架子上，如图 9-39 所示。绳头一般都采用钢丝绳夹来固定。

单跑头顺穿法常用于滑车组门数较少的情况下，如五门以下的滑车组。

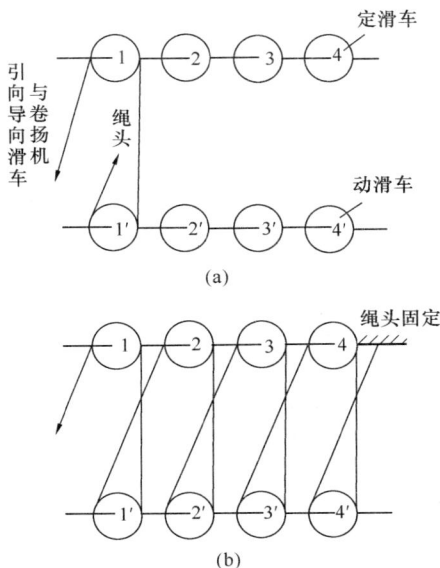

图 9-38　滑车组的穿绕

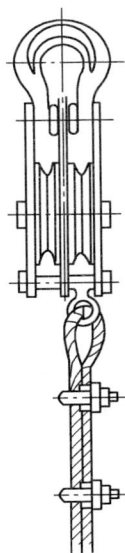

图 9-39　滑车
绳头固定

② 双跑头顺穿法

双跑头顺穿法是指滑车组同时有两根跑绳，同时使用两台卷扬机进行工作。由于定滑车比动滑车多一门，在进行穿绕时是从定滑车中间的一个滑车开始，两个绳头同时由中间向两边按顺序穿绕。双跑头顺穿法的优点除了可以避免滑车架的歪斜外，还可以减少滑车的阻力，加快起吊速度；其缺点是要求所采用的两台卷扬机的卷扬线速度要一致，这样才能使定滑车中间的一只滑车不转动，滑车的两边受力相等。

双跑头顺穿法的方法及步骤如下：

a. 将两只滑车平放在地上，要求与单跑头顺穿法相同。

b. 把钢丝绳的一个绳头 a 从定滑车中间的一个滑车 3 的槽中穿入，如图 9-40（a）所示。

c. 将从定滑车 3 槽穿出的绳头 a 穿绕在动滑车 2′ 槽中，然后依次绕过定滑车 2，动滑车 1′及定滑车 1，从定滑车 1 槽中穿出后，绕过导向滑车，即可引向卷扬机，如图 9-40（b）所示。

d. 将从定滑车 3 槽中穿出的绳头 b 穿绕在动滑车 3′槽中，然后依次绕过定滑车 4、动滑车 4′及定滑车 5，绳头从定滑车 5 槽中穿出后，绕过导向滑车，即可引向卷扬机，如图 9-40（c）所示。

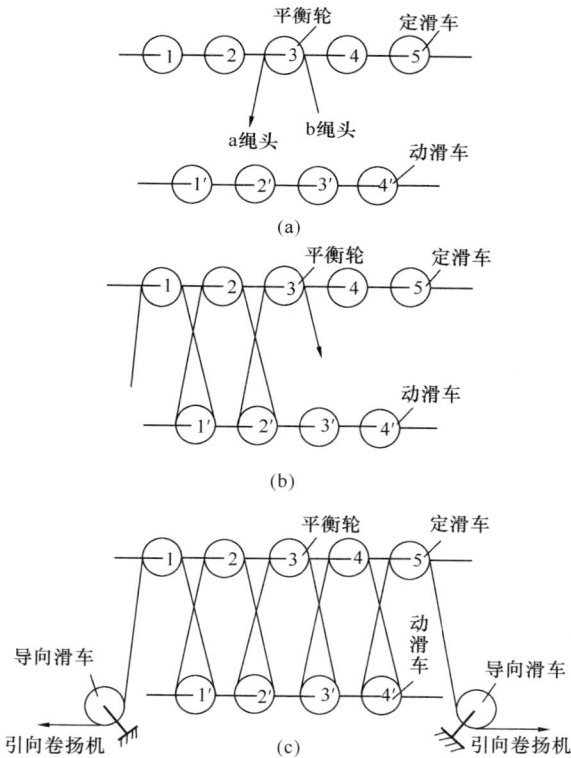

图 9-40　双跑头顺穿法钢丝绳穿绕示意图

除用以上的双向穿绕法以外，还可以像单跑顺穿法一样，将其中一个绳头从定滑车边上的一只滑车 1 开始穿绕，依次穿绕动滑车，其顺序为：1→1′→2→2′→3→3′→4→4′→5，如图 9-40

（c）所示。最后把绳头绕过导向滑车后固定在卷扬机的卷筒上。用这种方法穿绕比双向穿绕方便。最终采用哪一种穿绕方法，应根据作业现场的具体情况而定。

3）导向滑车

导向滑车不像滑车组那样能起到省力的作用，导向滑车也不能改变绳索的速度，在起重运输作业中仅用来改变牵引绳索的方向。根据作业中的需要，导向滑车可以用一只、也可以用几只来多次改变绳索方向。导向滑车一般都用一只单门滑车。

导向滑车在工作时同样要受到绳索牵引力的作用；导向滑车的大小应根据它在工作时所受到力的大小来选择。

4）滑车的正确使用应注意以下几点：

① 穿绕滑车或滑车组的钢丝绳必须符合滑车的要求。当选用钢丝绳直径超过滑车的要求时，会加剧滑车轮的磨损，同时也会使钢丝绳的磨损加剧。一定起重量的滑车应配相应粗细的钢丝绳。

② 滑车所受力的方向变化较大，或在高空作业时，不宜采用吊钩型滑车，以防脱钩。可使用吊钩口封住，使吊钩不能脱出，如图 9-41（a）所示；或采用带有卡索板的吊钩，这种吊钩使用更方便，在挂好吊钩时，卡索板会在弹簧的作用下弹开，可将吊钩口封住，如图 9-41（b）所示。

③ 在穿绕滑车组时，应注意钢丝绳在滑车槽中的角度。在任何情况下，钢丝绳在滑车槽的偏角不得超过 4°，如图 9-42 所示。钢丝绳偏角过大，会导致滑车槽侧面的磨损加剧；另一方面，会使钢丝绳易滑出绳槽，导致起重作业不能正常进行，甚至发生事故。

④ 若多门滑车在使用中只用其中几门时，则其起重量应经折算相应降低，不能仍按原起重量使用。

⑤ 滑车组经穿绕后使用时，应先进行试吊，详细检查各部分是否良好，有无卡绳、摩擦或钢丝绳间互相摩擦之处，如有不妥，应经调整后再正式起吊。

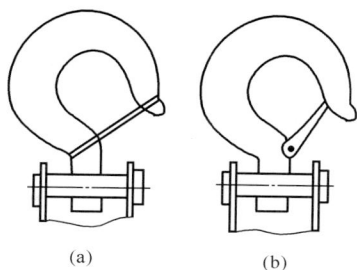

图 9-41 吊钩口的保护

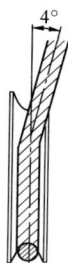

图 9-42 钢丝绳的偏角

⑥ 滑车在拉紧后，滑车组两滑车轮的中心应保持一定的距离，其最小距离应不小于表 9-1 中的规定。

滑车组在拉紧状态下定、动滑车的极限位置　　　表 9-1

滑车起重量/t	滑车轴中心的最小距离/mm	拉紧状态下的最小距离/mm
1	700	1400
5	900	1800
10	1000	2000
16	1000	2000
20	1000	2100
32	1200	2600
50	1200	2600

⑦ 当滑车的滑轮有裂纹或缺损时，不得投入使用。当其他部位，如吊钩、轮轴、拉杆等存在缺陷，不符合使用要求时，不准使用。

⑧ 滑车不得超载使用。

（2）滑车的维护保养

在不使用滑车时，应将滑车上的污物清洗干净，上好润滑油，放在干燥的地方，并在其下部垫以木板。加润滑油的部位如图 9-43 所示。

当使用完毕拆下滑车时，不得将滑车从高空摔下，以免损坏滑车。

12. 卷扬机的使用与保养

（1）卷扬机的操作

1）牵引绳的穿绕从卷筒的下方绕入，绳头固定在卷筒的一边，固定时先将绳头穿过卷筒端面上的孔，然后用压板将绳头固定在端面上，如图 9-44 所示。

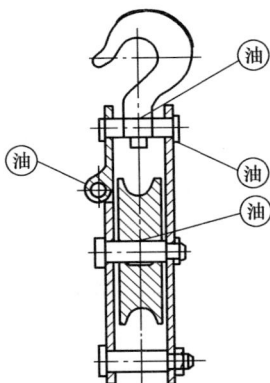

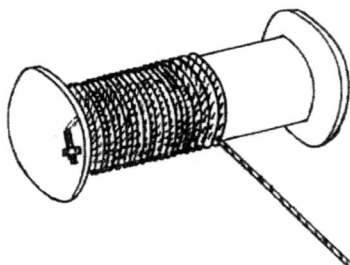

图 9-43　滑车的润滑　　　　图 9-44　钢丝绳的固定及穿绕

2）操作时先把控制器手柄的指针对准"0"位，然后闭合闸刀开关，接通电源。按重物上升或下降要求，将控制器的手柄（可手轮）扳向左或右，重物便开始上升或下降；当需要使重物停在空中时，将手柄扳回到"0"位，电磁制动器便动作，将电机轴上的制动轮牢牢抱住，实现自动制动。

（2）电动卷扬机使用的注意事项

1）卷扬机应安装在平坦没有障碍物的地方，便于卷扬机司机和指挥人员观察。安装距离应在所吊重物 15m 以外，如用桅杆式起重机时，其距离不得少于桅杆的高度。为防止电动机及电气装置淋雨受潮，一般应在卷扬机底座下垫以枕木，并设置雨棚。

2）卷扬机的电气控制装置要放在操作人员的身旁，所有电气设备应装有可靠的接地线，以防触电。电气开关需要保护罩。

3）卷扬机的固定必须牢靠、坚实、稳固，防止卷扬机在起吊重物时倾翻或滑移，并且能承受最大的卷扬拉力。

4）卷筒的中心至最近一个滑车的距离应大于卷筒长度的20倍，当绳索绕到卷筒的两侧时，钢丝绳的偏斜角不应超过1.5°，跑绳应从卷筒的下方绕入，当绳索绕到卷筒的中心时，绳索应与卷筒的中心线垂直。

5）开车前应检查卷扬机各部分机件转动是否灵活，制动装置是否可靠灵敏。

6）卷扬机使用的钢丝绳必须与卷筒牢靠地固定，卷筒的最小允许直径为钢丝绳直径的16～20倍。当钢丝绳溜放到最大需要长度时，留在卷筒上的钢丝绳不得少于3圈。

7）工作时，卷扬机周围两米范围内不准站人，跑绳的两旁及导向滑车的周围也不准站人。

8）操作人员必须熟悉卷扬机的性能、结构，并具有一定的实际操作经验。

9）卷扬机运转时，动作应平稳均匀。起吊重物时应先缓慢吊起，当跑绳已拉紧时，严禁猛摇或突然启动、加速。并应检查绳扣及物件的捆绑是否结实、牢靠。

10）操作人员必须事先与指挥人员联系好指挥信号（如旗语、手势等）。

11）卷扬机停止工作时，要切断电源，控制器要放回零位，用保险闸制动刹车。

12）使用前应检查卷扬机各部分机件是否完好，传动部分是否灵活，制动装置是否准确灵敏，润滑是否良好。

13. 电动葫芦的使用与检查

（1）观察操作者行走范围内有无障碍物，运行轨道上是否有异常现象。

（2）便携式控制器按钮操作是否灵敏可靠，葫芦起升、小车机构运转是否正常，电动葫芦空载运行是否无异常声响。

（3）检查制动器是否灵活可靠。

（4）检查吊钩在圆周和垂直方向转动是否灵活。

（5）检查吊钩组的滑车转动是否灵活。

（6）检查吊钩止动螺母防松是否有异常现象。

（7）检查钢丝绳是否脱开滑车轮槽。

（8）检查钢丝绳是否正确缠绕在卷筒绳槽内。

（9）检查钢丝绳润滑是否良好，是否存在断丝、磨损、变形等影响钢丝绳使用安全的缺陷。

（10）检查限位装置是否正常可靠。

第二节　起重操作与绑扎方法

1. 起重机的选择应用

在起重吊装作业中，使用最频繁的起重设备是起重机。起重机种类繁多，结构型式各式各样，甚至还出现了一些专用起重机和起重机的变种。图9-45中列出了在起重作业中常见的起重机种类。专用起重机一般是在现有起重机的基础上进行改造而成，或为某项功能单独开发。如固定式回转起重机、门座式起重机、集装箱专用起重机等。

臂架型起重机是指其取物装置悬挂在臂架上或沿臂架运行的小车上的起重机。

流动式起重机是指能在带载或不带载情况下，沿无轨路面行驶，且依靠自重，保持稳定的臂架型起重机。其一般在移动比较频繁的建筑工程中优先采用。

塔式起重机适合于土建工程，电站、锅炉等范围比较集中、起重工作量大的场所。随着塔式起重机向重型（起重量大、回转半径大、提升高度高）发展，其应用范围越来越广，在房建、市政、工业项目、核电站等建设领域逐步推广。

门式、桥式起重机一般适用于车间、厂房内，用于构件的辅助吊装。大型门式、桥式起重机也广泛应用于船厂、码头，用于

```
                                        ┌─ 梁式起重机
                                        ├─ 桥式起重机
                          ┌─ 桥架型起重机 ─┼─ 门式起重机
                          │               ├─ 半门式起重机
                          │               └─ 装卸桥
                          │
                          │               ┌─ 固定式起重机
                          │               ├─ 台架式起重机
                          │               ├─ 门座起重机
                          │               ├─ 半门座起重机
                          │               ├─ 塔式起重机
          起重机 ──────────┼─ 臂架型起重机 ─┼─ 铁路起重机
                          │               ├─ 流动式起重机
                          │               ├─ 浮式起重机
                          │               ├─ 甲板起重机
                          │               ├─ 桅杆起重机
                          │               └─ 悬臂起重机
                          │
                          │               ┌─ 缆索起重机
                          └─ 缆索型起重机 ─┤
                                          └─ 门式缆索起重机
```

图 9-45　常见起重机种类

大型船部件、重型设备的吊装等。

2. 起重作业"十字"操作法

起重作业基本上有 10 种操作法：抬、撬、捆、挂、顶、吊、滑、转、卷、滚，统称为"十字"操作法。灵活掌握这 10 种方法，将会获得事半功倍的效果。

（1）抬

在搬运小件机具、材料时，由于搬运距离较短或不便使用机械运输，可以采用抬的办法，由两人或多人共同进行。操作时，所用的杠棒和绳索必须结实适用，操作人员要求步调一致，听从统一指挥，负荷分配合理。

（2）撬

在起重量和起升高度都不大的情况下，可使用撬杠将重物撬起。撬是利用杠杆原理来达到省力的目的，因此，撬杠的支点应尽量靠近重物，且支点应坚硬一些。利用撬杠可以抬高构件，以便于在下面垫木板或砖头等物，也可以多次反复撬和垫，从而将重物抬高或用相反的方法将重物落下。

（3）捆

捆是指用绳索、链条捆绑需要吊装、搬移或固定物件的操作。根据起重量、物件的几何形状、重心位置、物件是否易变形以及吊装的工艺要求等因素，全面考虑捆绑方式和吊点。竖直起吊长大构件，应在物件重心上部捆绑；物件需水平位置吊装时，则应在重心两边对称捆绑。捆绑应结实牢固，各股绳应受力均匀。捆绑有棱角的物件时，应在棱角处用软物垫好。

（4）挂

挂是指物件捆绑好后进行挂钩的操作。一般挂钩方式有单绳扣挂钩、对绳中间挂钩、背扣挂钩、压绳挂钩、单绳多点起吊往复挂钩等。挂钩时，要注意吊件的中心位置和各股绑绳是否受力均匀。吊件在惯性力和其他外力作用下，绳索不应发生位移和相互挤压等现象。

（5）顶

顶是指用千斤顶将重物顶起来的操作。这种方法简便、易行、安全、省力，尤对于大型物件，在大型吊车难于施展或费用较高的情况下，更能发挥其优越性。

（6）吊

吊是指用起重桅杆、起重机械将重物吊起并放置到指定位置的操作。这是垂直运输中最常用的一种方式，其特点是起重量大，起升高，工作面宽，速度快，效率高。

（7）滑

滑是指将重物放在滑道上，用机械或人力牵引，使重物滑移的操作，一般用于短距离移动或设备卸车等场合。为了减少摩擦力，通常用钢轨作滑道，在钢轨和重物之间放置滑板，并在钢轨上涂以润滑油。

（8）滚

滚是利用滚杠的滚动而移动重物的方法，通常用于短距离水平运输。

（9）转

转是将重物在平面内旋转一定角度的操作方法，可以在重物下设置滚杠和滚道就地转动，也可以设置专门的转盘旋转重物。

（10）卷

卷是指用绳索套在圆形物体上，拉动绳索，使物件上滚或下放的操作方法，常用于铸铁管、混凝土管或电杆的装车或卸车。

3. 绳扣系结的要求和方法

在起重作业中，由于作业环境、施工工具、起重方法、重物形状、重物重量等不同，相应的系结重物方法也有很多。但最常用的系结重物方法主要有兜、锁、捆、卡、拴五种，下面分别介绍。

（1）兜法

这种方法简单、实用。它用两根吊索，吊索绳端挂在吊钩上，吊索直接兜在重物下面。使用这种方法，两吊索之间的夹角不应太大或太小，夹角太大容易滑动；夹角太小容易倾翻。一般两根吊索之间的夹角以 60°左右为宜，设备也不宜太重或太长。因此，此方法常用于装、卸车和短距离的水平吊运，如图 9-46 所示。

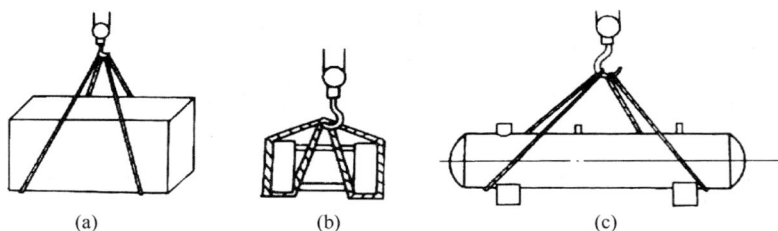

图 9-46 兜法系结设备

（a）箱体兜法；（b）双兜法；（c）水平兜吊容器

（2）锁法

这种方法可吊装和吊运各种设备、构件和塔类物体，也是起重工作中广泛使用的方法。它可以吊长、大、重的物体，具有吊物越重越收得紧的特点。所以，它特别适用于筒体、塔类设备的吊装就位，如图 9-47 所示。

（3）捆绑法

对于质量较大的物体，由于绳索的许用应力有限，因此需要多根绳索才能承受拉力。一般采用一根较长的钢丝绳多次绕在吊点上而形成多股，再利用卸扣连接进行吊装作业。此外，对于一些外形不规则和表面光滑的物体，也需要用钢丝绳进行捆绑，才能吊装就位，如行车整体吊装的捆绑，罐、槽的捆绑等。采用捆绑法吊运物体，特点是起吊质量大，安全可靠，不受物体外形的限制，如图 9-48 所示。

（4）卡法

卡法就是用成对绳扣，再用卸扣将绳扣和设备卡接在一起的方法。此法简单方便，适用于有吊耳的设备和构件，如图 9-49 所示。

（5）拴法

当搬运轻便设备、零件、构件时，由于受到运输道路的限制，或存放地点过于狭窄，搬运路线又比较近时，可把麻绳拴在物体和抬杠上，通过人抬进行搬运，如图 9-50 所示。

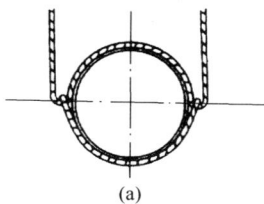

(a)

(a)

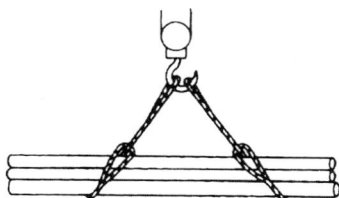

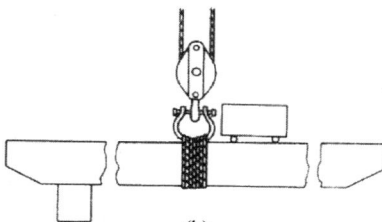

(b)

(b)

图 9-47　锁法系结构件

（a）简体锁法系结；（b）多根钢管
　　　锁法系结

图 9-48　捆绑法系结物体

（a）人字桅杆捆绑法；（b）行车捆绑法

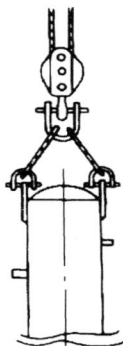

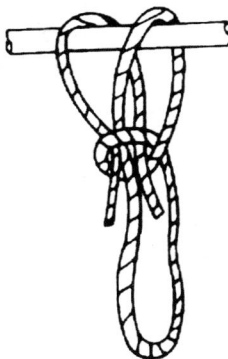

(a)　　　　　　(b)

图 9-49　卡法系结设备

（a）用卸扣卡结缸盖；（b）用卸扣卡结罐体

图 9-50　抬杠拴法

4. 构件的知识和选吊点的方法

（1）构件的定义

在常见的吊装作业中，经常遇到的吊装重物一般包括设备和构件两类。两类物体的吊装方法各有不同。因此，我们在学习吊装方法前应掌握两者的定义和区别，明确吊装重物是设备，还是构件。

设备的定义是，在工业企业中可供长期使用，并在使用过程中基本保持原有实物形态的物质资料的总称。物质技术装备、设施、装置、仪器、试验和检验机具等均可称为设备。

构件有别于设备，目前尚无准确定义。一般来讲，一个有机整体的一部分，具有一定功能的部件均可称为构件。常见的构件包括建筑构件、设备构件、装饰构件。本书重点讨论的是建筑构件。

建筑构件是建筑物的重要组成部分，它一般在工厂或制造厂加工，运输到施工现场后进行组装。建筑构件的应用，能够大大缩短建筑物的建设周期，节约投资。

（2）常见建筑构件型式

按照材料性质划分，常见建筑构件可分为钢结构构件、混凝土构件。按照使用要求，构件外形多种多样，有 H 型柱、十型柱、卍型柱、牛腿柱、箱形梁、T 形梁、钢屋架、混凝土屋架等等。其截面型式如图 9-51 所示。

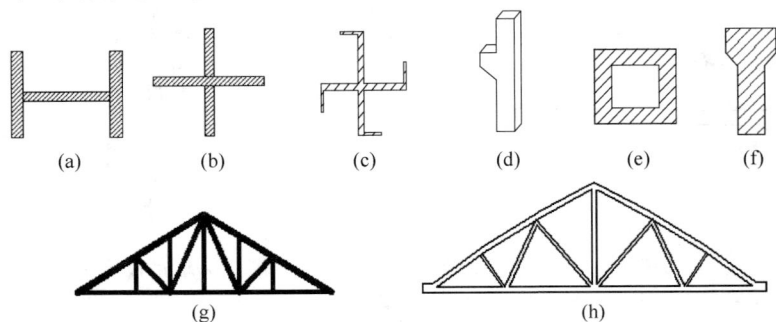

图 9-51　常见建筑构件截面型式图

（a）H 型柱；（b）十型柱；（c）卍型柱；（d）牛腿柱；（e）箱形梁；
（f）T 形梁；（g）钢屋架；（h）混凝土屋架

（3）建筑构件吊点选择

建筑构件吊装时，一般要求是将构件平稳地吊装至指定位置。常见吊装型式有两种：一是将水平摆放的构件吊起后，升高、旋转、就位到指定位置（本节简称水平吊装）。如：箱形梁、T 形梁、钢屋架、混凝土屋架的吊装等。二是将水平摆放的构件吊起后，旋转 90°，吊装至指定位置（简称旋转吊装）。如：立柱的吊装等。

1）规则形状建筑构件吊点选择

规则形状建筑构件是指在构件全部长度范围内，垂直于轴心的各个截面形状、面积全部相同的构件。这类构件的重心就是其形心，即构件长度的一半位置。知道了构件重心位置，吊点的选择就很容易了。

一般情况下，规则形状建筑构件水平吊装时，应选择两点吊装，并应控制吊钩的垂直延长线通过构件重心。同时考虑构件的长细比，保证构件的变形在弹性变形范围内。满足了这两个条件的吊点区域，即为该构件的最佳吊点位置。两吊点相对于构件重心应基本对称。通常吊点并非是确定的一个位置，而是有一个范围，在此范围内的任一位置，只要满足上述条件，均可作为吊点使用。进行旋转吊装时，选择两点吊装，控制吊钩的垂直延长线通过构件重心；同时两吊点尽可能接近构件两端，以保证构件旋转后，其轴线尽可能垂直于地面，如图 9-52 所示。

2）不规则形状建筑构件吊点选择

不规则形状建筑构件是指在构件全部长度范围内，垂直于轴心的各个截面形状、面积不完全相同的构件。同样，首先应确定这类构件的重心，确定重心的方法可参照第四章。

不规则形状建筑构件水平吊装时，大多选择两点吊装方式。当构件长度较长、结构强度较弱时，可考虑三点、多点吊装，或采用平衡梁方式。不论采取何种吊装方式，确定吊点时均应考虑平衡、对称。确定吊点步骤如下：

① 目测构件形状，确定构件重心，确定吊装方式。

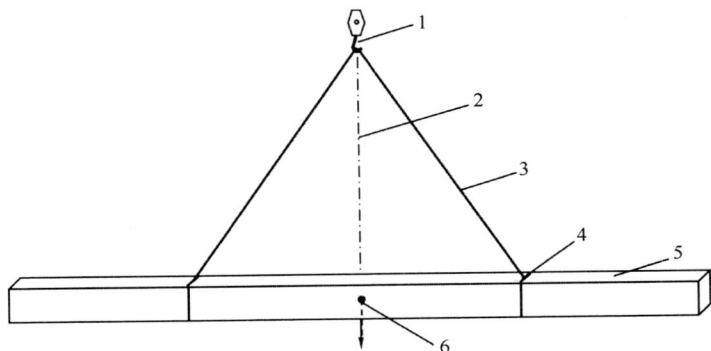

图 9-52　规则形状建筑构件吊点选择示意图

1—吊钩；2—吊钩的垂直延长线；3—千斤绳；4—千斤绳绑扎点（简称：吊点）；5—形状规则构件；6—构件重心

② 相对于构件重心，考虑构件结构强度，基本对称布置千斤绳。

③ 绑扎千斤绳，试吊。如发现偏重现象时，及时放下，调整吊点位置。构件基本平衡后，方可进行吊装作业。

5. 绑扎建筑构件的方法和要求

（1）钢结构柱的绑扎

钢结构柱通常具有足够的强度和稳定性，一般情况下不需要再验算其强度和稳定性。钢结构柱绑扎时，应首先明确其重心位置，吊点必须位于其重心之上。否则吊装时，钢结构柱将倾翻。现场操作时，通常绑扎钢结构柱顶部，如图 9-53 所示、牛腿柱的牛腿附近，如图 9-54 所示、格构式钢柱的挡板处，如图 9-55 所示。

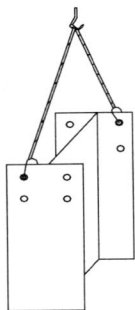

图 9-53　绑扎钢结构柱顶部图

（2）钢结构桁架的绑扎

钢结构桁架吊装前，应参考钢结构桁架制作、安装图样，明确其重量、结构型式、几何尺寸、安装地点的周边环境等情况。综合考虑各项因素，确定吊装绑扎方法及钢结构桁架的结构稳定性（特别是细长杆件组成的平面结构）。必要时应进行验算，避免钢结构桁架弯曲或局部塑性变形。

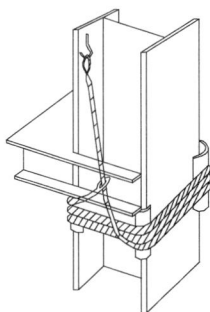

图 9-54　绑扎牛腿附近图　　　　图 9-55　绑扎
钢柱的挡板处

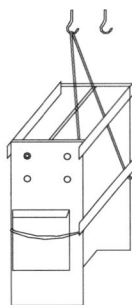

　　一般情况下，跨度小于 18m 的钢结构桁架可用一个吊点进行吊装，绑扎在钢结构桁架顶部节点或中间位置。必要时应做加固，如图 9-56 所示。

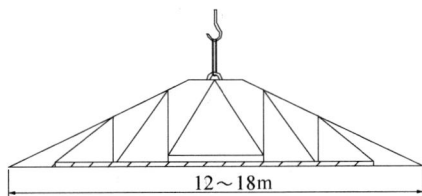

12～18m

图 9-56　绑扎在钢桁架顶部节点或中间位置

　　跨度为 18～30m 的钢结构桁架可用单钩双吊点绑扎在钢结构桁架跨中相邻两节点处。绑扎点应做加固处理，下弦杆根据计算做必要的处理，如图 9-57 所示。

　　跨度大于 30m 的钢结构桁架应采用两吊点或四吊点绑扎，用两台起重机双钩抬吊，或利用扁担梁由一台起重机单钩吊装。钢结构桁架的下弦杆、腹杆按照计算要求进行加固，如图 9-58 所示。

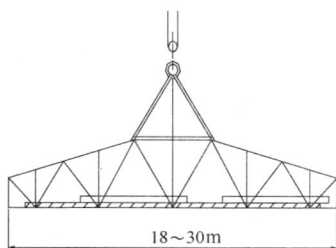

图 9-57　绑扎在钢桁架跨中相邻两节点处

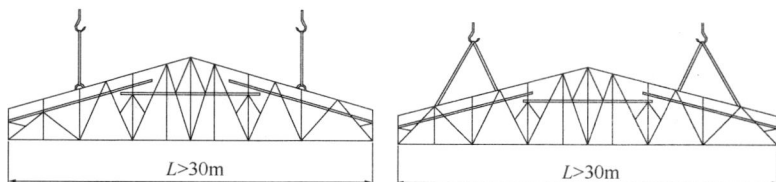

图 9-58　钢桁架下弦杆、腹杆加固图

（3）预留吊点预制混凝土构件的绑扎

一般情况下，为便于混凝土构件的绑扎吊装，在构件预制时应设置吊环、预留孔。混凝土构件吊环、预留孔的形状、截面尺寸、位置应按照设计图进行加工、布置。吊装时，应利用吊环、预留孔进行吊装，不得随意改变，如图 9-59 所示。否则，由于吊点的不正确，混凝土构件内部的受力状况将无法满足设计要求，从而引起混凝土构件断裂、裂缝，造成质量事故。

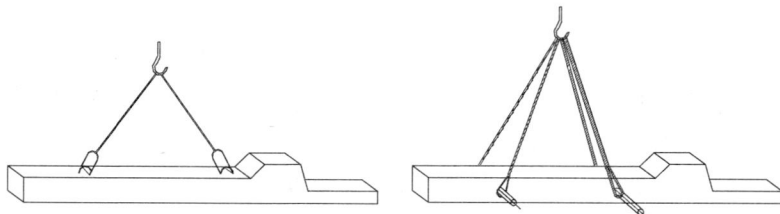

图 9-59　预留吊点预制混凝土构件绑扎

（4）预制混凝土柱的绑扎

混凝土柱安装就位时，将进行垂直起吊。未设置吊环、预留孔的混凝土柱垂直起吊时，应首先明确其重心位置，吊点必须位于其重心之上。否则吊装时，混凝土柱将倾翻。

当混凝土柱有牛腿时，通常绑扎在牛腿下部。使用一根千斤绳，单头绑扎方法是：千斤绳一端直接挂于钩头上，另一端选择适当规格的卸扣与千斤绳绳扣连接，卸扣上可同时系上拉绳；千斤绳在柱子上绕一圈后，穿过卸扣。柱子起吊时，千斤绳自动收紧。柱子就位后，起重机降钩头，拉动拉绳即可松开千斤绳，使千斤绳沿着柱子滑下。柱子绑扎时，应在边角处垫以橡皮、木块、圆形护角（将直径相当的金属管剖开、边角处打磨光滑即可）或其他衬垫物，以保护千斤绳和混凝土柱。

使用一根千斤绳或两根千斤绳，双头绑扎方法是：选择适当规格的卸扣，千斤绳一端绳扣与卸扣连接，千斤绳在柱子上绕一圈后，穿过卸扣。千斤绳另一端同样操作。两只卸扣对称布置于混凝土柱两面，如图 9-60 所示。使用此绑扎方法时，一是千斤绳应有一定长度，防止千斤绳与混凝土柱干扰；二是在吊装时，应将千斤绳拉紧，防止吊装过程中绳扣移位。

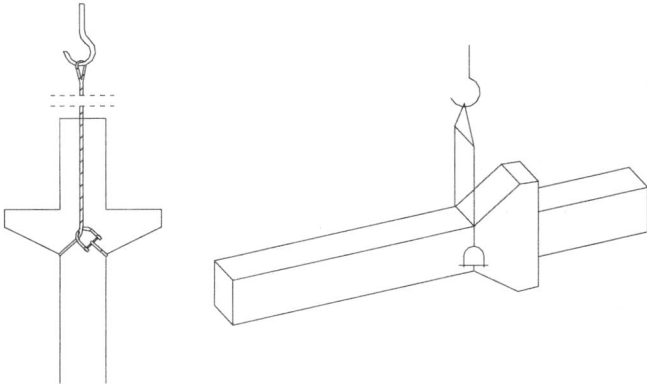

图 9-60　千斤绳、卸扣绑扎方法

（5）预制混凝土屋架的绑扎

预制混凝土屋架具有重量较大、外形尺寸较大、结构强度较弱等吊装特性。混凝土屋架的吊点应选择在节点上或靠近节点位置。屋架绑扎时应注意：

1）千斤绳必须绑扎牢靠，对称布置。

2）千斤绳与屋架上弦夹角不宜小于40°。

3）控制每根千斤绳长度，确保在吊装时，所有千斤绳同时受力。

4）在吊点绑扎的同时，应系上拉绳，以便在吊装时稳定构件，防止构件过分摆动。

常见绑扎方式如图9-61所示。

6. 建筑构件吊装方法

（1）柱子的吊装

柱子的吊装方法，根据吊装过程中柱子的运动特点，可分为旋转法和滑行法；根据使用起重机的数量，又可分为单机吊装和双机抬吊；根据柱子起吊后，柱身是否能保持垂直状态来分，又有直吊法和斜吊法。选用何种起吊方法，需根据柱子重量、长度、起重机械配备情况和现场具体条件而定。

1）单机吊装：

① 旋转法

起吊时，起重机回转、升钩头，使柱子绕柱脚垂直方向旋转直至吊起，将柱子垂直插入杯口，如图9-62（a）所示。应用此方法时，应合理摆放柱子位置，使柱子的绑扎点、柱脚和杯形基础三点，在以起重机回转中心为圆心的同一圆弧上（即起重机至三点的回转半径相同），如图9-62（b）所示。该方法简单易行，多用于中小型柱子的吊装。

② 滑行法

吊装时，起重机只升吊钩，使柱脚滑行而吊起柱子的方法称为滑行法，如图9-63所示。为减少柱脚与地面的摩擦阻力，可在柱脚下设置托板滚筒。该方法较为复杂，采用桅杆吊装或较重

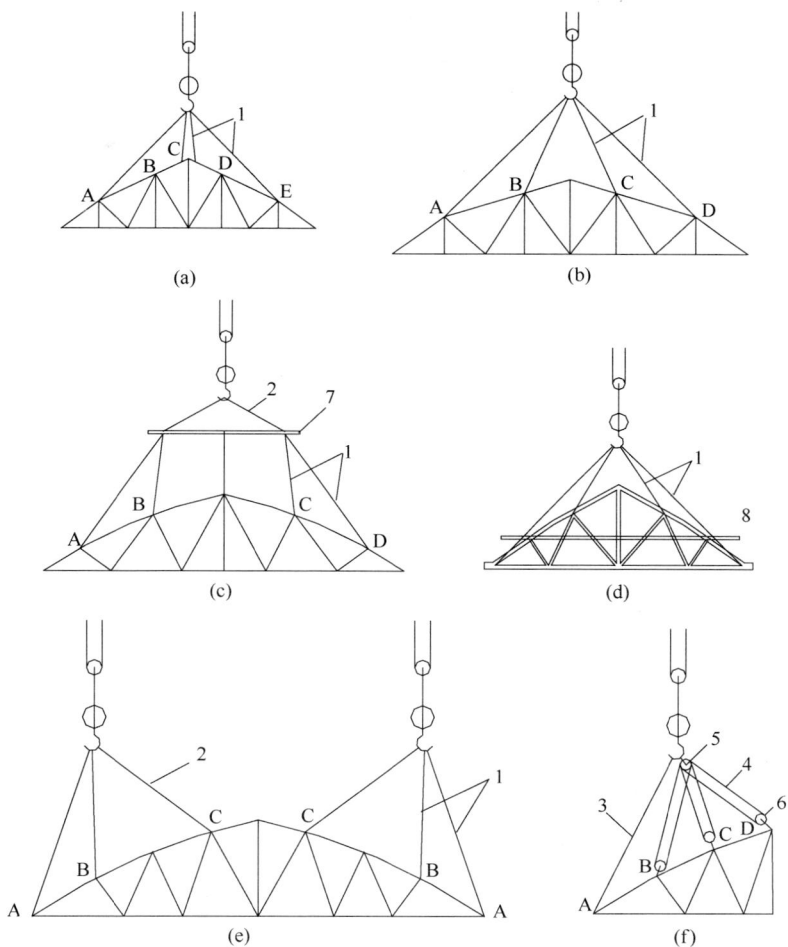

图 9-61　预制混凝土屋架的绑扎方法

（a）18m 屋架；（b）24m 屋架；（c）30m 屋架；（d）组合屋架；

（e）36m 屋架；（f）半榀屋架的翻身

1—长千斤绳对折使用；2—单根千斤绳；3—平衡千斤绳；4—滑轮组中的
千斤绳；5—3 门滑轮组；6—单门滑轮组；7—铁扁担；8—加固木棍或型钢

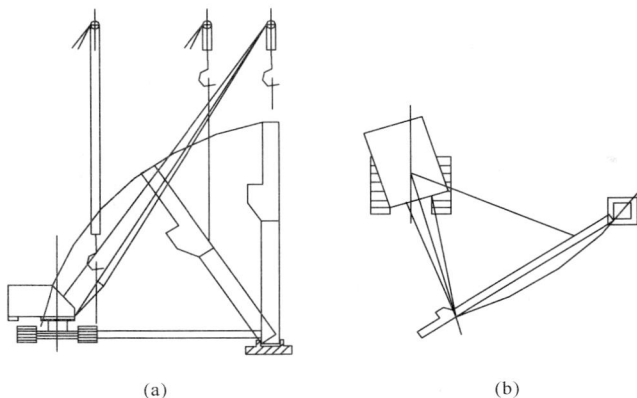

图 9-62　旋转法安装柱子
（a）旋转过程；（b）平面布置

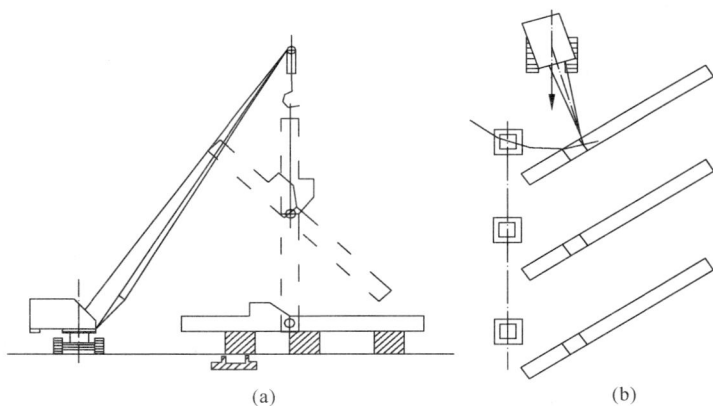

图 9-63　滑行法安装柱子
（a）滑行过程；（b）平面布置

较长柱子吊装时才应用此法。

　　2）双机抬吊

　　当柱子重量较大，或现场情况较为特殊，一台起重机无法满足起重需要时，可采用两台起重机抬吊。双机抬吊同样有旋转法和滑行法。旋转法、滑行法的基本要求类似于单机吊装，只是由两台起重机同时承担任务。

（2）屋架、梁的吊装

一般屋架、梁的吊装常采用单机吊装。其吊装方法、步骤基本相同。下面以混凝土屋架为例，说明其吊装步骤：

1）翻身

屋架在制作、运输时，通常采取平卧型式，吊装时，必须先将其直立。起吊时，起重机钩头基本对准屋架平面中心，缓慢升钩头、回转，使屋架以下弦为轴慢慢转动。当屋架接近直立状态时，起重机钩头应旋转到屋架下弦中心，缓慢升钩头，将屋架扶正并固定。整个翻身过程均应缓慢进行，防止屋架因冲击、摆动过大而造成损坏。

2）单机吊装

先将屋架吊离地面50cm左右；将屋架中心对准安装位置中心，屋架斜放；然后起重机升钩头，屋架最底部超过就位位置后，拖动缆绳，水平旋转屋架，将其对准安装位置，降钩头，屋架就位并固定。见图9-64。

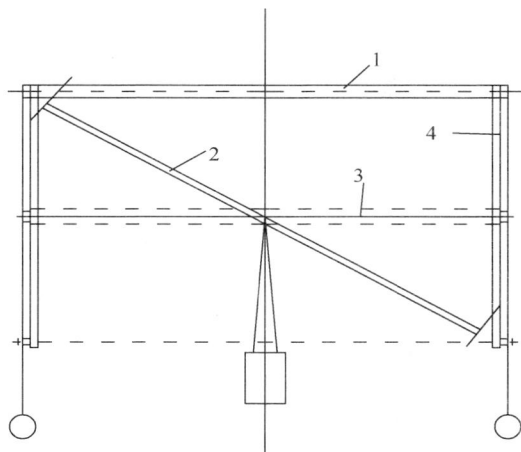

图9-64 屋架翻身和吊装的绑扎方法

1—已吊好的屋架；2—正吊装的屋架；3—正吊装屋架的
安装位置；4—桥式起重机梁

7. 设备的绑扎方法和要求

在选择设备的绑扎方法时，首先要核实设备的结构、重量、重心位置等情况，重心位置是比较重要的因素。因为重心是设备重量的中心，可以认为设备的全部重量都集中在重心位置上。当使用一根绳索起吊设备时，绳索的绑扎点（吊点）必然是在重心位置的上方并且成一条直线，此时起吊是稳定的。如吊点偏离重心位置时，设备就会倾斜、翻转或坠落。当使用两根或两根以上绳索起吊设备时，绳索的绑扎点（吊点）的合力点（吊钩）必然是与重心位置成一条直线，此时起吊是稳定的。

（1）常用的设备绑扎方法

1）兜挂法

兜挂法绑扎设备是水平吊装一般设备的最常用绑扎方法。兜挂法绑扎设备时，利用绳索的中间部位，直接兜挂在设备的吊点位置，通常是设备的底部。绳索的两端绳套（鼻、环）直接挂在吊钩上。使用这种兜挂法绑扎设备进行吊装时，设备的吊点位置至少有两个以上，且分布在设备重心位置的两边，设备本身没有横向的偏重、倾斜或翻转的倾向，纵向没有滑动、抽芯的倾向，否则应改为锁系方法或其他更加可靠的方法进行吊装。下图为一台机泵和一台卧式容器的抬兜法吊装，如图9-65所示。

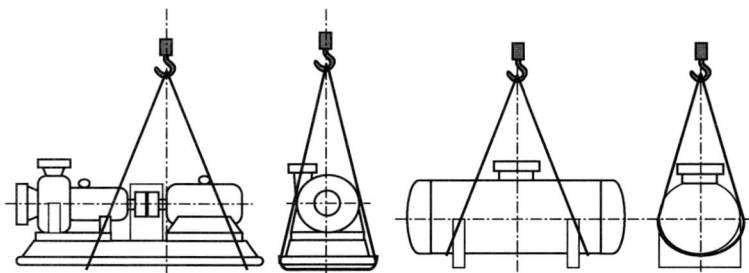

图 9-65　兜挂法吊装

2）锁系法

为了防止物件在吊装过程中出现翻转、滑动、滚动、倾斜或坠落的现象，常用锁系的方法对设备或物件进行绑扎吊装。锁系法绑扎设备也是比较常用的设备绑扎方法。锁系法绑扎设备时，将绳索的一个端头利用绳套（鼻、环）或用卸扣，与绳索的中间部位连接，将设备的吊点位置捆锁。绳索的另一端绳套（鼻、环）直接挂在吊钩上。锁系法绑扎设备时，可以用单锁或双锁，单锁可以防止物件纵向滑动，双锁可以防止物件偏重、倾斜或翻转，有时也可以采用单锁和双锁相结合的方法进行绑扎吊装。如图 9-66 所示一组钢管，可采用锁系法进行的绑扎吊装。

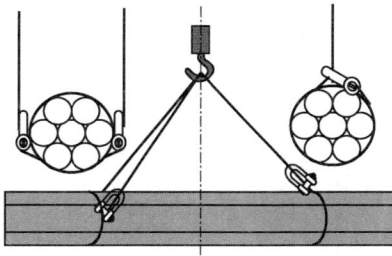

图 9-66　锁系法吊装

3）捆绑法

在吊装立式设备没有吊耳的情况时，常采用捆绑法对立式设备进行绑扎吊装。在使用捆绑法吊装时，首先在设备的捆绑绳索处衬垫好防止绳索滑动的木板或橡胶板，然后用一根绳索在设备上缠绕捆绑紧固并卡好绳头。单吊点时，捆绑绳索至少应在两圈以上，双吊点以上时，捆绑绳索为分别各自捆绑，每个吊点捆绑绳索至少两圈以上。最后再用吊装绳扣与捆绑绳索中的一部分连接。在起吊过程中，吊装绳扣应拉紧捆绑绳索中的一部分，另一部分捆绑绳索紧紧地捆绑在设备上。在俗语中常有"捆五、丢三、吊二"的捆绑法吊装，即捆绑绳索五圈，吊装绳扣挂两圈，剩余三圈捆绑在设备上，如图9-67 所示。

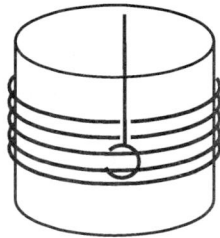

图 9-67　捆绑法吊装

（2）设备绑扎的要求

常用的设备绑扎方法和要求主要有以下几个方面：

1）根据设备的结构、重量、重心位置等情况，合理选用吊索具，正确选取吊点或绑点位置，并应优先选用设备原（指定）吊点。

2）起吊设备时使用的绳扣或绑绳应符合安全系数的要求，卸扣或其他吊具必须满足起重量的需要。尽可能利用卸扣或其他专用吊具与设备吊点联接。

3）对设备的受力部位进行核算，对于设备不能承受绳扣挤压的薄弱易变形的部位采取加强措施，对工件的棱角与绳扣接触处，应加垫方木和半圆钢管，以免损坏绳扣。

4）装卸设备时应采取溜绳溜住重物，不得用手推扶设备和与设备接触的钢丝绳，以防止钢丝绳滚动挤夹手指。

5）装卸设备放在地面或车厢板上时，下面应垫上方木，以便于抽出绳扣。方木应垫实，以防止设备倾倒。

6）利用设备本身的开孔（如管口、人孔等）作为受力点进行吊装时，应对受力部位进行应力核算，必要时应采取保护措施。

7）设备用捆扎或其他兜系的方法吊装时应做到绳扣出头位置合理，保证起吊过程中绳扣受力均匀。

8）设备用捆扎法吊装时，为防止压伤或擦伤工件，可在系绳处整齐地缠以用坚硬的垫木连成的护带，以分散绳扣对设备的压力，并增加其间的摩擦力。垫木的规格根据工件的重量、壁厚等要素确定。

9）平卧设备吊装时，捆扎吊点不得少于两点，设备外悬长度约为设备长度的1/5，必要时，通过计算确定。

10）起吊易翻转、滚动、滑动的设备或吊装有一定的高度时，钢丝绳绳扣的捆扎方法应当采用捆绑或锁系法，不得采用兜挂的方法，以防止设备倾斜、翻转或坠落。

第三节　物件的装卸与运输

1. 一般物件的装卸

物件运输的前后都需要进行装卸作业，装卸作业主要是由装卸机械或自行式起重机械来完成，如汽车式起重机、轮胎式起重机、履带式起重机、铁路起重机、厂房内的桥式起重机、码头上的装卸桥以及预制工厂的龙门起重机等。如用铁路运输时，物件的装卸工作是利用货台上的起重机具。采用平板拖车、载重汽车等运输时，要根据现场条件决定装卸方法，在有条件的地方要尽量使用履带式起重机、汽车式起重机、桥式起重机等装卸物件。对于质量和尺寸较大的物件，可以用枕木搭成坡度与地面夹角不超过 10°的斜坡状临时装卸台，利用滚杠或滑移方法进行装卸车，对于圆形物件，可以利用装卸台采取慢慢滚动的装卸方法。

由于物件的质量、形状、外形尺寸以及强度和刚度的不同，及其所在地方的装卸作业环境和机具状况差异，实际采用装卸方法是多种多样的，这里仅介绍用一些简单的起重机具装卸小型物件的一般作业方法。

2. 物件装卸车的一般注意事项

1）利用起重机械进行物件装卸时，一般要垂直，即吊钩中心线通过物件的重心。必须倾斜装卸时，要经过计算，并采取有效的措施，防止事故的发生。

2）装卸车时，对于设备装卸时，吊点应选在设备指明的位置上捆绑，严禁拴在设备的手轮、操作手柄或精密加工面上，注意保护加工表面和油漆不受损坏；对于混凝土构件要防止折断或产生裂纹；对于钢结构要防止结构产生变形。

3）装卸车要轻拿轻放，杜绝野蛮装卸造成物件的损坏。

4）物件的捆绑处应用软物垫好。

3. 物件装车的操作方法和要求

1）在装车前，应对装卸作业所用的工具、吊具、机械进行检查，确认安全后方可使用，并应准备足够的垫木、撑木、旧麻袋或橡胶垫皮等辅助物品。

2）车辆应严格按规定载重量装载，不得超装。车辆装载物件的高度：大卡车从地面起计算不大于 4m，小卡车不大于 2.5m，以防止重心过高造成翻车事故。车辆装载物件的宽度：左右不超出车厢或前罩壳 15cm，防止行驶中发生剐蹭事故。车辆装载物件的长度：大卡车物件伸出车厢前后的总长度不大于 2m，小卡车不大于 1m，防止拐弯时发生剐蹭事故。物件长度超过后栏板时，不得遮挡号牌、转向灯、尾灯和制动灯。

3）物件装车时，装载物应对称地装在载重车上，前后重量要适宜，分布要均匀，使车辆承受的载荷均衡，重心应在车辆的中部。

4）物件装车时应垫稳，装完后物件应捆扎牢固，车厢侧板、后板要关好、拴牢。一般物件可用麻绳或 8 号铁丝捆绑，较重的物件或难以固定的物件，应用钢丝绳、环链手拉葫芦进行捆绑，如图 9-68～图 9-70 所示。

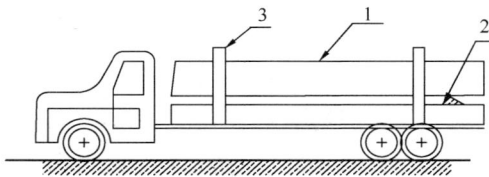

图 9-68　货车装运预制混凝土桩构件
1—构件；2—垫木；3—立柱

5）由于圆柱形、球形物件的特点是无承重平面，装车后易于滚动，应采用专用夹具起吊并应装入相应的固定架内（如支承座、掩木等），并用钢丝绳加固。

6）混凝土构件装车时，在各层之间和最下面均应垫好通长

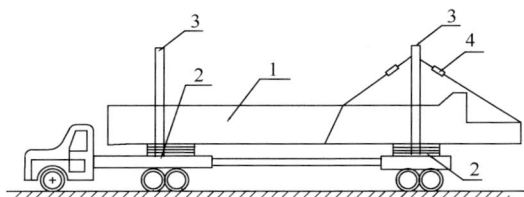

图 9-69　拖车装运预制混凝土桩构件
1—构件；2—转向装置；3—立柱；4—捆绑绳

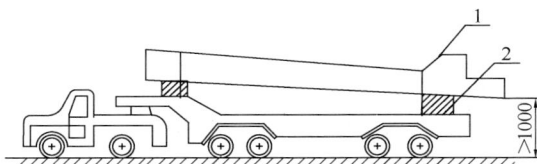

图 9-70　拖车装运预制混凝土桩构件
1—构件；2—垫木

垫木，每个构件最少垫两根。垫木应放在吊环的附近，其厚度应高出吊环。上下垫木的中心应在一条垂直线上。垫木的强度应具备承受构件载荷能力。

　　7）长构件装车时，可采用平衡梁三点支承，平衡梁和运输车辆用铰链连接，如图 9-71 所示，运输车辆平板长度不足的情况下也可采用此方法。同时也可采用增设辅助垫点的方法，辅助垫点应在其他两主垫点垫实后再垫，且不可垫得太实，只需在垫木上放置木楔，用小锤稍稍敲紧即可，如图 9-72 所示。还可以设置超长架来运输长构件，超长架应固定在车厢上，构件与超长架及车厢应捆绑牢固。

　　8）T 形梁、r 形梁或类似易于倾倒的构件装车时，应放置固定支架。

　　9）屋架装车时，应将屋架竖放，屋架之间垫以木块，并用绳索绑成一体，再用 8 号铁丝和木杆从车的两端将其拴牢。

　　10）当物件较长、较高、上重下轻或结构单薄时，要用绳索

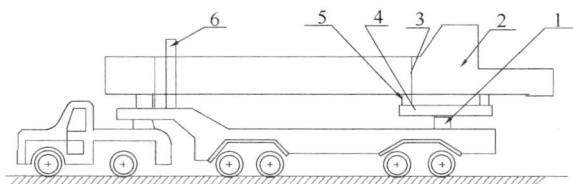

图 9-71 在运输车上设置辅助垫点运长构件

1—铰链；2—构件；3—捆绑绳；4—平衡梁；5—垫木；6—立柱

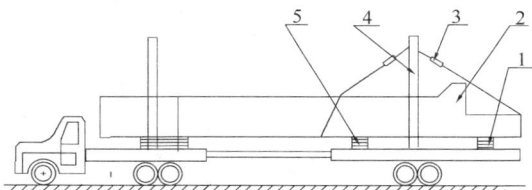

图 9-72 在运输车上设置辅助垫点运长构件

1—辅助垫点；2—长构件；3—捆绑绳；4—立柱；5—主垫点

捆紧、扎牢、垫死，使其加固牢靠，严防在运输过程中摆动或产生变形。

4. 物件卸车的操作方法和要求

1）卸车时车辆与堆放物距离一般不小于 2m，与易滚动物件的距离不少于 3m，车辆并列时间距不小于 1.5m。

2）卸车前，先将容易倾倒的构件用临时支撑支牢，然后再解开绑绳。吊卸时，也应将容易倾倒的构件支撑好，然后起吊。根据物件保护的要求，在堆放处放好垫木或砖头等，如混凝土构件应按要求放置好垫木。

3）卸车时，待物品放置稳定后方可摘钩。

4）堆放构件时，垫木应靠近吊环位置，每层垫木的两端伸出部分不小于 50mm。

5）预制构件直立放置时，应采用工具或支撑支牢，T 形梁、r 形梁必须正放，并加不少于三道的支撑。

6）一般情况下，每堆预制板可叠放 6～8 块，大型楼板不宜超过 6 块，最下面的垫木应用枕木垫实，每层垫木上下成一条垂直线，如图 9-73 所示。

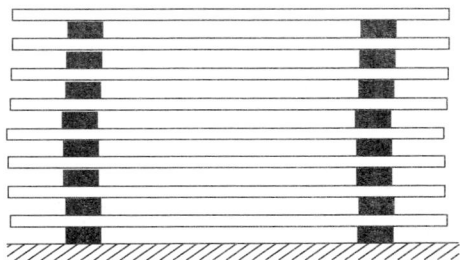

图 9-73　预制板堆放示意图

第四节　精密物件、危险品的起重搬运

在起重搬运时应根据物件的情况采取不同的安全措施，保证起重搬运工作的顺利完成。起重、搬运的物件是各种各样的，有大型物件、有精密物件，有一般性物件、有危险物品。因此，在作业时，应按不同的作业对象采取相应的起重、搬运方法，本节主要介绍精密物件和危险品的起重搬运应注意的问题。

1. 精密物件的起重搬运

对于精密物件在起重搬运时应特别小心谨慎。在起重或搬运精密物件或零件时，要采取适当的保护措施，防止它们在起重、搬运过程中使这些精密物件发生损伤。比如对于一些光滑度很高的零件，要防止其表面擦伤，对于一些细长零件或薄壁易变形的零件，防止其变形。

2. 危险品的起重搬运

在起重或搬运各种危险物品时，首先要了解它们的特性，然后根据所装卸危险物品的安全要求进行操作。作业前应根据货物性质，准备必要的装卸工具及穿戴必要的防护用品。

（1）危险品起重搬运的一般要求

1）工作前必须根据搬运的危险品的种类、形状、体积、重量等检查所使用的工具是否合理、齐全、可靠。

2）工作时要注意周围环境，禁止无关人员进入现场。

3）装载危险品车辆应有明显的表示危险品的标志，如插上《危险品》字样的黄旗，车上应有消防器材、防静电接地装置，排气管上应装好阻火器。

4）装卸时应注意包装是否牢固，按标记要求切勿倒置，装卸要轻拿轻放，禁止肩扛、背负，严禁撞击、振动、重压、摩擦和倾倒。危险物品装车时，必须堆放整齐、捆绑牢固、安放平稳、严禁超载。

5）相互接触容易引起燃烧、爆炸的物品，不得同车混装。严禁吸烟。夜间搬运时不得使用明火照明。

6）各类气瓶不得抛掷、滚运或在强烈的日光下曝晒。

7）车辆起动要平稳，防止冲撞和震动；不要高速行驶，适当拉大同向行车的距离，拐弯要减速、平稳，避免紧急刹车；不要在人群密集处停靠；各类危险物品在运输中途停留或在到达目的地物品未卸完之前，驾驶员和押运员不可同时离开车辆。

（2）危险品起重搬运的特殊要求

在起重搬运各类危险物品时，除遵守以上原则外，还应根据各类危险物品的特点，遵守其特殊要求：

1）爆炸物品装卸

① 在雨雪天气，要先清除积水和积雪，防止滑倒。夜间作业应有充分的照明。

② 装卸、搬运时应用铜质或木质工具，如用铁质的工具，则应套上或垫上橡皮。作业人员不得穿带铁钉的鞋。

③ 对极易因振动而发生爆炸的雷管等物品，必须严格做到轻拿轻放，由两人抬装或抬卸，起爆器和炸药的装载高度不应超过规定的装载高度，以免因重压而引起爆炸。

④ 装卸中撒漏的粉末或粒状物品，应先用水湿润后撒以木

屑或棉絮等松软材料轻轻收集起来，再作适当处理。

2）氧化剂装卸

① 装卸时要仔细清扫场地，不能与易燃、可燃物残渣混合，如煤粉、焦炭粉、糖、木屑等。

② 作业时不能摔碰、拖拉和剧烈滚动，不要用撬棍等铁质工具。撒漏的粉末应先盖上沙土，扫除干净后再用水清洗。

3）压缩气体及液化气体装卸

① 装卸有毒气体时，应事先将防毒面具放在作业点附近，当发生意外时可及时取用；装卸氧气瓶时，要注意工作服、手套和装卸工具上不能沾有油脂。

② 搬运时，瓶口不要朝向人身，要防止阀头撞击，以免发生意外事故。

③ 装载时，阀头部应朝向同一方向，码放整齐，堆放不宜过高，并用垫木垫紧。

④ 当装有无毒不燃气体的钢瓶损坏时，应迅速将钢瓶移至安全场所，直至气体放完为止；如果是剧毒气体钢瓶漏气，可将钢瓶浸入石灰水或水中（液氨钢瓶漏气时应浸入水中）。

4）自燃物品、遇水燃烧物品、易燃液体、易燃固体的装卸

① 注意包装有无渗漏，并及时处理。

② 装载自燃物品时，不宜重压，装载不宜过密、过高。铁包装的易燃液体在两层间应垫以草垫，防止摩擦。

③ 装卸电石桶、易燃液体桶时，人应站在上风位置，应轻轻打开桶盖或气孔放气，未放气前不要摇晃；电石桶不能倒放。

5）毒品装卸

① 装卸作业时，应先放气。

② 严禁肩扛、背负、翻滚，搬运时要求平稳轻放，防止包装破坏。

③ 使用机械作业时，应按规定负荷降低 25％。

6）腐蚀物品装卸

① 作业前应仔细检查包装，不应有泄漏处。

② 搬运中严禁肩扛、背负、拖拉、冲撞、翻滚，并应注意防滑。

③ 作业时应穿戴好防护用品。

第五节　利用流动式起重机吊装

1. 一般物件吊装工作步骤

对一般物件的吊装，要求选择钢丝绳绳扣绑扎栓挂位置和方法，选择汽车起重机参数，指挥吊装。其工作步骤为：

（1）核实总质量

可以通过物件上的铭牌找到总质量，也可以通过分别吊两端，测算出总质量。

（2）确定重心位置

应通过观察或者初步计算，估计重心位置。

（3）选择合适吊点位置

应根据物件形状，选择好吊点。

（4）确定钢丝绳绳扣绑扎栓挂方法

应根据被吊物件选择采用兜系方法或者捆锁方法等。

（5）选择钢丝绳

应根据被吊物的重量，选择合适的钢丝绳。

（6）选择汽车起重机作业参数

汽车的额定起重量应大于被吊物件的重量，才可以安全起吊。

（7）汽车起重机就位

应将汽车起重机支腿伸出并垫好道木，将绳扣挂在吊钩上，再挂一台合适的链式手拉葫芦，用于调整绳扣长短，使物件吊装平稳。

（8）防滑措施

应在吊点位置或者捆锁绳扣的地方垫好防滑防剪木块或橡胶。

（9）挂钩调整

将绳扣挂好后，应让绳扣微微吃劲，检查绳扣与物件接触部位的衬垫，调整链式手拉葫芦使两边绳扣受力均匀，保持平稳。挂好溜绳，防止物件摆动。

（10）起吊就位

起吊前应检查被吊物件是否固定好，链式手拉葫芦是否调整完毕，小链锁是否系在大链上，检查无误方可指挥起重机，开始起吊。物件离开地面200mm后停止起吊，进一步检查各部位是否正常，确认无疑后，按指定位置，将物件吊装到基础上。

2. 一般物件的绑扎与吊装

（1）兜挂

一般物件常用兜挂方法进行吊装，就是将绳索直接兜在物件的底部。使用这种兜挂方法进行吊装时，必须确定物件没有可能滚动、滑动、抽芯、倾斜、翻转因素，否则应改为锁系方法进行吊装，如图9-74所示。

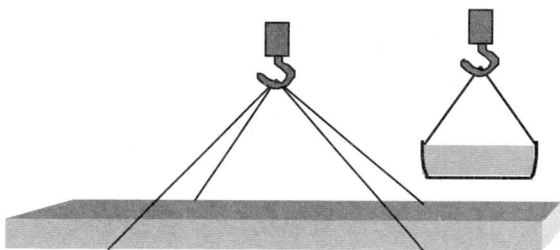

图9-74　物件兜挂吊装

（2）锁系

为了防止物件在吊装过程中出现翻转、滑动、滚动、倾斜或坠落的现象，常用锁系方法对物件进行吊装，如图9-75所示。

（3）单双面捆锁

为了防止物件在吊装过程中两个吊点之间出现倾斜、翻转、滑动、滚动、抽芯或坠落的现象，常用单点锁系和双面锁系相结合的方法对物件进行吊装，如图9-76所示。

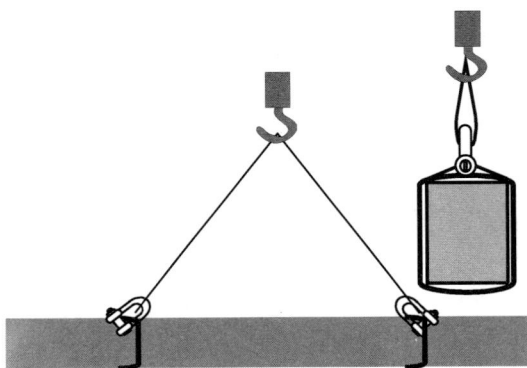

图 9-75　物件锁系吊装

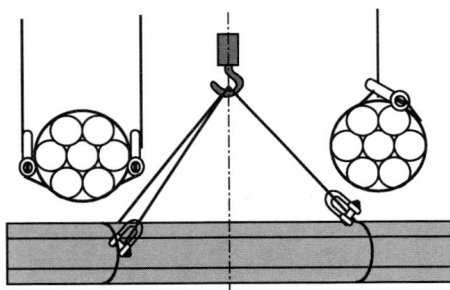

图 9-76　物件单双面捆锁吊装

（4）双面捆锁

例如图示一立式设备需要吊装竖立，可以通过平衡梁，将吊装绳索分开在设备的两侧，分别捆绑锁系，如图 9-77 所示。

3. 牛腿柱子的绑扎与吊装

选择混凝土牛腿柱，结构型式如图 9-78 所示。利用起重机将混凝土牛腿柱吊装就位。训练学员选择吊点、绑扎、吊装的操作能力。

（1）已知条件

本次吊装的实物为双跨牛腿柱，牛腿柱的质量约为 9600kg，

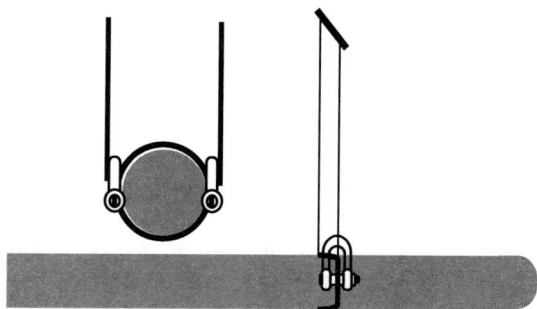

图 9-77　物件双面捆锁吊装

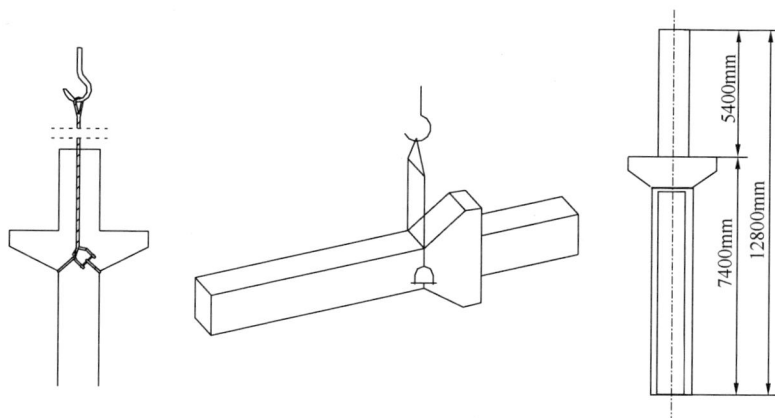

图 9-78　牛腿柱外形尺寸、绑扎、吊装图

下部尺寸为 400×400mm，外形尺寸如图 9-78 所示。施工现场为硬土，条件较好，起重机行驶不受限制。

（2）选择吊装方法

查阅安装图及现场实际状况，吊装方法确定为单机旋转法。

（3）确认起重机

起重机进场前，应先对施工现场进行勘测，综合考虑起重方法、起重机力矩、柱子就位位置、起重机行走方向、运输车辆的行走路线等因素，验证或选择起重机，确定起重机回转中心位置，确定回转半径。

因本次任务是一座厂房牛腿柱的吊装，吊装周期较短，因此，优先选择汽车起重机。根据已知条件，确定本次吊装的最大回转半径为5m，选择25t汽车起重机。25t汽车起重机工作性能为：工作幅度 $R＝5m$、吊臂长度 $L＝15.25m$、最大吊装高度为14.5m时，允许起重量 $[Q]＝14.5t$，可以满足吊装需要。

（4）选定吊点

本训练使用的是牛腿柱，其吊点一般选择在牛腿下部。柱子的重心位于吊点之下，满足吊点的设置要求。

（5）选择起重工具

本次吊装采用一根千斤绳，单头绑扎方法。根据柱子的重量，选用的起重机具如下（表9-2）：

选用的起重机具

表 9-2

序号	机具名称	规格型号	数量
1	千斤绳	6×36＋1－1400－13	1 根
2	卸扣	6.8	2 只
3	平衡梁	—	1 根
4	拉绳	麻绳	若干
5	保护用橡皮	—	若干

在吊装过程中，千斤绳将由垂直于牛腿柱位置过渡到与牛腿柱轴线重合位置，即牛腿柱上部将由千斤绳中间穿过。因此，可在两千斤绳之间加设平衡梁，以保证适当的距离。平衡梁由角钢、小型工字钢制成，并在平衡梁中间对称打上若干小圆孔，以适应不同尺寸的物件且利于挂系卸扣。

（6）吊装方案的编制

编制吊装方案，履行审核手续。小型吊装可用吊装工艺卡、技术交底等形式，将方案以文字形式传达到相关人员。柱子的吊装属于小型吊装，指挥应将确定的吊装方案向各个操作人员交底。

（7）吊装步骤

1）起重机就位。按照吊装方案，将起重机停放在指定位置，垫好枕木，放支腿，将吊臂伸出至选定长度。

2）绑扎柱子。

3）选择平衡梁上合适的吊装孔，利用卸扣固定平衡梁，将千斤绳挂在吊钩上。注意在千斤绳与柱子之间应垫好防护木块或橡胶。

4）起重机边起升，边回转，使柱子绕柱脚缓慢旋转，直至吊起。将柱子底部吊离地面约 200～500mm。

5）保持柱子底部与地面的距离，控制在 500mm 以内。

6）起重机缓慢回转，将柱子吊装至杯口正上方，降钩头，将柱子缓缓插入杯口内。

7）柱子初步固定，再降钩头，去除千斤绳，吊装结束。

附　　录

附录 A　典型全路面起重机性能表

附录 A-1　16t 起重机性能表

QY-16 汽车起重机额定起重能力表

臂杆长度 工作半径	9.07m	12.48m	15.87m	19.3m	22.71m	22.71m+7m 副臂
3	16.00	10.00	9.59			
4	14.24	10.00	8.16	6.44		
5	11.43	9.99	7.09	5.57	4.70	
6	7.77	8.07	6.25	4.89	4.12	
7	5.73	6.01	5.57	4.34	3.65	2.00
8	4.42	4.70	4.84	3.88	3.25	1.93
9		3.79	3.93	3.50	2.92	1.85
10		3.12	3.25	3.18	2.64	1.77
11		2.60	2.74	2.82	2.40	1.70
12			2.33	2.41	2.19	1.64
13			2.00	2.08	2.00	1.58
14			1.72	1.81	1.94	1.52
15				1.58	1.83	1.47
16				1.38	1.43	1.42
18					1.12	1.34
20					0.87	1.16
22						0.96
24						0.80
26						0.65
28						0.53

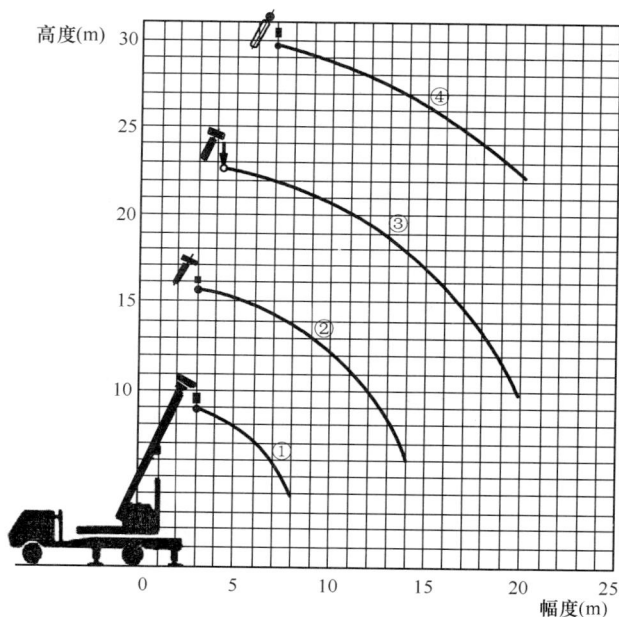

图中：
①——主臂 9.07m；
②——主臂 15.87m；
③——主臂 22.71m；
④——主臂 22.71m＋副臂 7m

QY-16 汽车起重机工作特性曲线图

附录 A-2　20t 起重机性能表

QY-20 汽车起重机额定起重能力表

臂杆长度	两侧及后方					前方				
工作半径	9.8	13.45	17.1	20.75	24.4	9.8	13.45	17.1	20.75	24.4
3.0	20.0	14.0	12.0			20.0	14.0	12.0		
3.2	20.0	14.0	12.0			20.0	14.0	12.0		
3.5	19.5	13.8	11.2	9.45		19.5	13.8	11.2	9.45	
4.0	18.3	12.8	10.5	8.9	7.0	18.3	12.8	10.5	8.9	7.0
4.5	17.2	12.0	9.85	8.45	7.0	14.9	12.0	9.85	8.45	7.0

臂杆长度	两侧及后方					前方				
5.0	16.2	11.3	9.3	8.0	6.9	11.8	11.1	9.3	8.0	6.9
5.5	15.3	10.6	8.8	7.55	6.6	9.6	9.15	8.8	7.55	6.6
6.0	13.8	10.0	8.3	7.2	6.3	8.05	7.7	7.5	7.2	6.3
6.5	11.9	9.5	7.85	6.85	6.0	6.9	6.6	6.5	6.85	6.0
7.0	10.5	8.95	7.5	6.5	5.7	5.9	5.8	5.7	5.45	5.0
8.0	8.25	8.1	6.75	5.9	5.2	4.4	4.4	4.5	4.35	4.1
9.0		6.55	6.1	5.35	4.8		3.55	3.6	3.55	3.4
10		6.5	5.55	4.9	4.4		2.9	2.6	2.95	2.85
11		4.65	4.75	4.5	4.05		2.35	2.45	2.45	2.4
12		4.0	4.1	4.15	3.7		1.9	2.05	2.1	2.05
13			3.6	3.65	3.4			1.7	1.75	1.75
14			3.15	3.2	3.15			1.4	1.5	1.5
15			2.75	2.85	2.9			1.15	1.25	1.25
17				2.25	2.3				0.85	0.9
19				1.65	1.85				0.55	0.6
21					1.45					0.39
23					1.15					

Qy-20 汽车起重机额定起重能力表（副臂）

主臂仰角	偏角 5°		偏角 17.5°		偏角 30°	
（度）	后侧方	前方	后侧方	前方	后侧方	前方
80	3.0	3.0	2.4	2.4	1.5	1.5
78	3.0	3.0	2.3	2.3	1.5	1.5
76	2.95	2.95	2.2	2.2	1.45	1.45
74	2.8	2.8	2.1	2.1	1.4	1.4
72	2.7	2.7	2.05	2.05	1.35	1.35
70	2.55	2.55	2.0	2.0	1.3	1.3
68	2.45	2.45	1.9	1.9	1.25	1.25
66	2.35	2.2	1.8	1.8	1.25	1.25

主臂仰角	偏角 5°		偏角 17.5°		偏角 30°	
（度）	后侧方	前方	后侧方	前方	后侧方	前方
64	2.2	1.85	1.75	1.65	1.2	1.2
62	2.1	1.6	1.65	1.45	1.18	1.18
60	2.0	1.4	1.6	1.3	1.15	1.15
58	1.9	1.2	1.55	1.1	1.13	1.05
56	1.8	1.05	1.45	1.0	1.1	0.9
54	1.7	0.95	1.4	0.85	1.05	0.8
52	1.6	0.8	1.35	0.75	1.05	0.7

工作特性曲线图

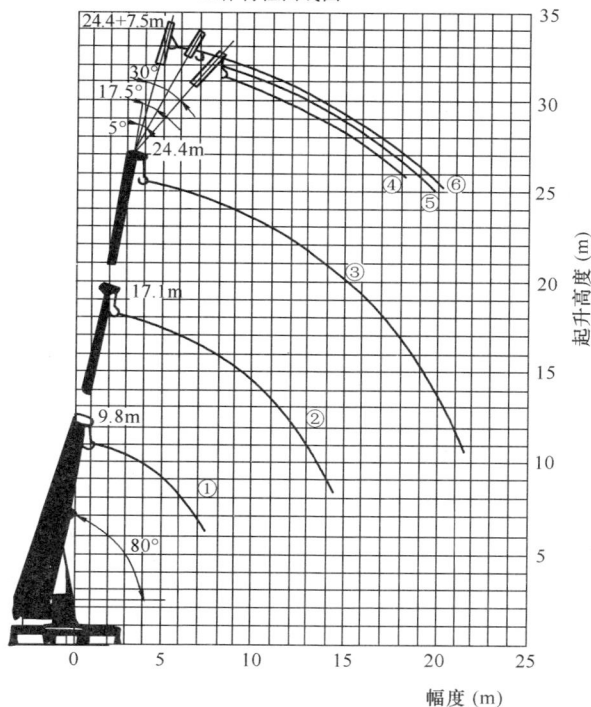

图中：①——主臂 9.8m；②——主臂 17.1m；③——主臂 24.4m；④——主臂 24.4m＋副臂 7.5m 仰角 30°；⑤——主臂 24.4m＋副臂 7.5m 仰角 17.5°；⑥——主臂 24.4m＋副臂 7.5m 仰角 5°

221

附录 A-3 TG500E 50t 汽车式起重机额定总载荷

TG500E 汽车起重机额定起重能力表

吊臂在起重机两侧及后方（支腿完全伸出）

工作幅度	吊臂 10.4m		17.6m		24.7m		31.9m		39m		吊臂仰角	9m 副杆		14.5m 副杆	
R	∠	[Q]	∠	[Q]	∠	[Q]	∠	[Q]	∠	[Q]	∠	R	[Q]	R	[Q]
3.00	70°	50	79°	27							80°	3.5	2	2.5	1
4.00	64°	38	76°	27							79°	3.5	2	2.5	1
5.00	57°	30	72°	27	78°	18					78°	3.5	1.96	2.5	1
6.00	50°	25	69°	22.9	76°	18	80°	12			77°	3.31	1.91	2.33	1
7.00	42°	20	65°	19.5	73°	16.7	78°	12	79°	6.5	75°	2.97	1.82	2.06	0.96
8.00	33°	16	61°	15.6	71°	14.7	76°	12	78°	6.5	72°	2.56	1.68	1.78	0.9
9.00	18°	12.8	57°	12.8	68°	12.8	74°	10.7	77°	6.5	70°	2.33	1.58	1.62	0.87
10.00			53°	10.5	66°	10.4	72°	9.75	75°	6.5	68°	2.14	1.49	1.48	0.84
11.00			49°	8.6	64°	8.55	70°	8.9	73°	6	65°	1.9	1.37	1.32	0.8
12.00			44°	7.1	61°	7.11	68°	8	70°	5.15	62°	1.64	1.25	1.18	0.76
14.00			34°	5	55°	5	64°	5.8	67°	4.45	60°	1.3	1.11	1	0.74
16.00			17°	3.5	49°	3.5	60°	4.35	63°	3.7	58°	1.01	0.87	0.77	0.59
18.00					42°	2.4	56°	3.25	60°	2.9	55°	0.64	0.54	0.5	0.43
20.00					34°	1.5	51°	2.45	57°	2.2					
22.00					24°	0.75	46°	1.7	53°	1.7					
24.00							41°	1.11	49°	1.2					
26.00							35°	0.6							

在前方区域及360度旋转（支腿完全伸出）

工作幅度	10.4m ∠	10.4m [Q]	17.5m ∠	17.5m [Q]	24.7m ∠	24.7m [Q]	31.9m ∠	31.9m [Q]	39m ∠	39m [Q]
3	70°	28	79°	17.5						
3.5	67°	28	77°	17.5						
4	64°	28	75°	17.5						
4.5	61°	22	74°	17.5	79°	12				
5	57°	17.5	72°	17.5	78°	12				
5.5	54°	14.3	70°	14.3	77°	12				
6	50°	12	68°	12	75°	12	79°	7		
6.5	46°	10.1	67°	10.1	74°	10.1	78°	7		
7	42°	8.5	65°	8.5	73°	8.5	77°	7		
7.5	38°	7.2	63°	7.2	72°	7.2	77°	7	80°	4.5
8	33°	6.1	61°	6.1	71°	6.1	76°	7	79°	4.5
9	18°	4.5	57°	4.5	68°	4.5	74°	5.4	77°	4.5
10			53°	3.3	65°	3.3	72°	4.2	76°	4.5
11			49°	2.4	63°	2.4	70°	3.3	74°	3.6
12			44°	1.7	60°	1.7	68°	2.5	73°	3
14							64°	1.5	69°	1.9
16									66°	1.2

附录 B 常用钢丝绳的主要规格及数据

6×19-FC 钢丝绳的主要规格及数据

钢丝绳公称直径/mm	参考重量/（kg/100m）	钢丝绳公称抗拉强度/MPa		
	纤维芯	1570	1770	1960
		钢丝绳最小破断拉力/kN		
3	3.16	4.34	4.89	5.42
4	5.62	7.71	8.69	9.63
5	8.78	12.0	13.6	15.0
6	12.6	17.4	19.6	21.7
7	17.2	23.6	26.6	29.5
8	22.5	30.8	34.8	38.5
9	28.4	39.0	44.0	48.7
10	35.1	48.2	54.3	60.2
11	42.5	58.3	65.8	72.8
12	50.5	69.4	78.2	86.6
13	59.3	81.5	91.8	102
14	68.8	94.5	107	118
16	89.9	123	139	154
18	114	156	176	195
20	140	193	217	241
22	170	233	263	291
24	202	278	313	347
26	237	326	367	407
28	275	378	426	472
32	359	494	556	616
36	455	625	704	780
40	562	771	869	963
44	680	933	1050	1160
48	809	1110	1250	1390
52	949	1300	1470	1630

摘自《钢丝绳通用技术条件》GB/T 20118—2017。

6×37M-FC 钢丝绳的主要规格及数据

钢丝绳公称直径/mm	参考重量/（kg/100m）	钢丝绳公称抗拉强度/MPa		
		1570	1770	1960
	纤维芯	钢丝绳最小破断拉力/kN		
5	8.65	11.6	13.1	14.5
6	12.5	16.7	18.8	20.8
7	17.0	22.7	25.6	28.3
8	22.1	29.6	33.4	37.0
9	28.0	37.6	42.3	46.8
10	34.6	46.3	52.2	57.8
11	41.9	56.0	63.2	70.0
12	49.8	66.7	75.2	83.3
13	58.5	78.3	88.2	97.7
14	67.8	90.8	102	113
16	88.6	119	134	148
18	112	150	169	187
20	138	185	209	231
22	167	224	253	280
24	199	267	301	333
26	234	313	353	391
28	271	363	409	453
32	354	474	535	592
36	448	600	677	749
40	554	741	835	925
44	670	897	1010	1120
48	797	1070	1200	1330
52	936	1250	1410	1560
56	1090	1450	1640	1810
60	1250	1670	1880	2080

摘自《钢丝绳通用技术条件》GB/T 20118—2017。

6×61M-FC 钢丝绳的主要规格及数据

钢丝绳公称直径/mm	参考重量/（kg/100m）纤维芯	钢丝绳公称抗拉强度/MPa		
		1570	1770	1960
		钢丝绳最小破断拉力/kN		
18	117	144	162	180
20	144	178	200	222
22	175	215	242	268
24	208	256	288	319
26	244	300	339	375
28	283	348	393	435
32	370	455	513	568
36	468	576	649	719
40	578	711	801	887
44	699	860	970	1070
48	832	1020	1150	1280
52	976	1200	1350	1500
56	1130	1390	1570	1740
60	1300	1600	1800	2000

摘自《钢丝绳通用技术条件》GB/T 20118—2017。